理解
·
现实
·
困惑

人生的精彩与安静

两位心理治疗师的生命配方

黄锦敦 黄士钧 ◎ 著

中国纺织出版社有限公司

推荐序

在双黄二重奏中
听见生命的**神秘**配方

心灵魔法师　林祺堂

年轻女孩来到咨询室寻觅生命可以怎么活的神秘配方，眼泪像断线的珍珠，滑落蜿蜒的脸部曲线，面纸一张张，擦了又湿、湿了又擦，止不住的委屈与难受，说着维持好成绩向父母讨爱的辛苦，说着学很多却找不到方向的茫然，说着融不进朋友话题的困窘，说着好想爱又不知道怎么爱的烦恼……

有一种声音，听不见，却很有力，弥漫深入我们的脑海；
揉合着期待、规条，幻化成应该怎么活着的"江湖规矩"。

有人选择全盘接收，乖巧的配合；

有人选择性地配合，顾了面子又仍保有自己；

有人完全不理会这些规矩，只长自己想要的样子。

但也有着那么一群人，很想全力服从，却发现极其地困难，

特别是看见自己独特的人。

跟大家一样，但我好像就不完整了、不见了。

难道我不能跟大众不一样吗？

不一样就一定不对吗？

于是，活着有好多的委屈，好多的辛苦，

"辛酸"促使我们叙说，说出一个个我不想要这样活着的故事。

听故事的人，凝视着眼前的生命，承接着那复杂又深刻的情绪，理解着感受更深一点的渴望与在乎，给出共鸣的了解与懂的温暖眼光。叙事取向的咨询师，有着对人生命的深层相信，捍卫着每个人本就独特的主体性，透过尊敬的好奇，与主角合作改编自己的生命剧本，活出主角想要的精彩。一次与锦敦、哈克的聚会分享中，我提到《射雕英雄传》里的东邪、西毒、南帝、北丐、中神通五大高手，中神通王重阳武功虽最高，但活得最不健康，且死得最早。小说中的王重阳其实很想要爱，却得不到爱，悔恨而终。若王重阳找你谈他的心事，你会怎么引导访问他呢？是啊，叙事取向的助人者，怎么看生命这一回事？对生命的影响在哪？

想要带人去哪里？重点不在健康与否，也不是把人拉回跟大众一样、符合标准的思维中，而是引导着人们思考怎么活着才是精彩的、有价值的、有意义的。

陆羽穷其一生对茶的热情写下了《茶经》；林觉民在《与妻诀别书》中留下亘古的爱情；辛勤卖菜，无私奉献给学子的阿婆；花了20多亿，种了30万棵树的企业家……

我们的生命，到目前为止，花了很多时间专注地做了哪些事情？做这些事情是因为我们内心在乎着什么？觉得很重要的是什么？有哪些事情值得继续做下去？认识我的人，都知道我超喜欢美食，看到美食，我眼神都有光。美食对我而言，不只是好吃而已，更是用心准备、烹饪食材的人作为滋养彼此的重要媒介。好的食物滋养了身体，好的心意照顾了心灵。我喜欢跟我的学生吃很好吃的东西，聊聊他们的生活。我想透过食物告诉这些孩子，我很爱你们。而给出善的影响，是我生命一直在乎的事情。

这本书的诞生，是很珍贵的。哈克与锦敦在生活中有所感悟，有了书写，然后邀约对方加以响应。这样的书写，让我联想到了苏东坡与佛印大师鱼雁往返的隽永故事。有别于"八风吹不动，一屁打过江"生命修练的比较与诙谐逗趣，锦敦与哈克两人相知相惜的情谊、相互激荡成长的智性光辉，更让我动容。查马克老师带领屏东泰武小学学童，一句一句的学习传唱排湾族的古调歌谣，传承族人的智慧与热情，唱出自己的歌，那带着文化与灵魂的歌声让我深深震撼。查马克老师提到古谣的传唱习俗中，对方唱完，要先重复对方的部分，然后再唱出自己的部分。这是很重要的承接与尊敬。是啊，锦敦与哈克的文章就是给我这种感觉，也像是客家山歌对唱一般，满山的歌声回荡，浓浓的情谊共振缭绕久久。

哇！这个生活中的小互动停格在这里，居然可以这么有美的看见！没想到，这么独到深刻的见解之后，还可以有类似或不同的故事开启另一层次的看见？！不一样的眼眶，不一样的生命经验，交织成一篇篇共鸣的故事，我想也就是因为这么不一样，才这么丰富又有深度。曾幻想着金庸小说中的《笑傲江湖曲》会是如何的好听，那活在江湖中可以狂放不羁的自由，与相知相惜又有深度的"双黄"①二重奏，我想我已经听到了，真好听！我的读书心得，若只有一句，那会是："哇——怎么可以这么活着？真好！"

一个个精彩有趣的故事，可帮助我们反思自己的生命，在赞叹之余也许会有着许多的羡慕：怎么可以这样子过生活啊!?怎么可以用这样的态度思考着？传统的助人训练教导我们如何在小小的咨询室中，给出精准的对谈技巧、后设理解、正确诊断，然后给出爱，但并未清楚教导如何得到爱与能量。助人者常常很会

———————————

① 本书两位作者都姓黄，故此处取"双簧"的谐音，传达两位作者生命故事的相互呼应。

帮人，却不太会爱自己，这本书提醒着咨询师也是个"人"，不是天生就会有源源不断的爱与能量的。在咨询室外的生活与生命，可以找到好方法来爱自己，让自己的生命更有能量，给未来相遇的人，一次次的深刻心灵接触。心理咨询这一个助人工作，需要很多能量，需要很多智慧，需要很多爱。我这两位好朋友，在山间、在海边、在音乐中、在手工创作中、在亲子互动中、在他们的私房景点与生活习惯中，找到继续活得更好的能量，慢慢活出他们想要的样子。谁规定人一定要怎么活，才是绝对的好呢？心理咨询是生命蜕变的催化剂，内藏促进活得更精彩的幸福方程式。就像哈克所说，每个人的生命神秘配方都是独一无二的，没有人可以告诉你怎么配最美，只有你自己知道，且须不断地练习。在挫折中找到勇敢，在冲动中找到热情。锦敦更提醒我们，配方还需要食材才能烹出自己的味道，而食材市场就在我们的生命经验中，那一个个用心活的故事中。可以用手做木工、可以旅行、可以大声唱歌，更可以在美食与人相遇的时刻。

自序 1

书的点点点

黄锦敦

我把车停在一座废弃仓库的空地上，走到车后，打开后车厢，取出毛巾袜、登山鞋。接着晃动脚尖，甩掉人字拖，换上鞋袜，背起背包。40 分钟后，我寻着林道到了月光小栈。

很好的交易，用满身汗臭换来满心的安静与专注。

走进月光小栈的咖啡厅，点了瓶比利时啤酒，坐到户外的木栈板上远望。傍晚时分了，灰蓝色的海面已从雀跃变成了安静。

想好了，今天要来这里为这本书写一些话。

让我先把时间拉到 2015 年的初夏。那时正在新疆旅行的我，写了这样的一封信给哈克：

哈克，晚安！
想不到，一直不通的邮箱，今天刚好能收得到你的信。
先恭喜你的新书面世了，势必风起。
今天我在新疆出了点意外。
我在使用简易独木桥横渡溪流时，
搀扶的树枝断了，
所以被重重的装备拖下了溪底，
后脑撞到石头，血当场流到脸上。
我是很少受到意外伤害的人，
因为我自己都很小心，但今天还是受伤了，
心情是复杂的。
方才确定是擦个酒精棉片就好的伤口，
但心里想，一不小心，我可能就不在了。

现在的我，没有太多害怕与惊吓，但我今天一直想着，
我可以这样跟家人一起，和朋友一起带领工作坊、写书，
真的是要很珍惜的事。
人，一不小心，可能就会不见了。

这件事，我还不敢跟太太说，怕她担心，

更怕她以后不给我出来玩呢！

在美丽像仙境的地方受伤，该要有怎样的心情呐！

锦敦

隔天，哈克回了这样一封信给我：

锦敦，早安！

一早，

收到你的信，知道你流血，心里哎呀了一下。

还好，还好平安无大碍。

我想着，这个还好，是今年很珍贵的还好。

然后，我骑着摩托车，带两个女儿上跳舞课，我跟两个女
儿说：

"锦敦叔叔掉到溪底，撞到头流血，后来发现只是小伤，

但是你们不可以跟 X 阿姨说，也不要跟小蔓说喔！

因为锦敦叔叔怕 X 阿姨知道了以后不让他出去玩。"

难得，有小秘密要孩子保守呢！

做了那么多好事，写了那么好的文章，

我猜，天公伯会保佑你平平安安的。

昨天下午，开始校对《燃起一夜不灭之火》。
怎么对，都不满意，还等待着有足够分量的故事跳出来。

平安

哈克

是的，要说这本书，就不得不来说说我们之间的友谊。

那天，在远方独自旅行的我，受伤心惊，又不敢跟太太家人说的时候，却能写这样的一封信给好友，对我来说，实在很珍贵。这些年来，就是这样的情谊，让我们度过了许多孤独、慌张的时刻。

这样的友谊，让我们一起写书成为很自然的事，就像是溪流交汇会激起水花，阳光雨水会长出青绿一般。友谊，成为滋长这本书的沃土，而一起写书，又回过头来为这份友谊注入丰富且深具意义的养分。

亲爱的读者，当您阅读至此，也算已走过了书中风景。若您过程里有遇见繁盛的青绿、美丽的水花，我会微笑点头，开心喜悦。更盼我和哈克交织出的风景，能为您的生命添进些许神秘配方，激出迷人滋味。

自序 2

这么像又如此不一样……

哈克

那个夜里，这本书稿正进入最后的排版阶段，我在海浪声里练着吉他，想象着未来如果有那么一天，当我又更长一点岁数的时候，可以听着眼前的朋友说着他的心事，然后，轻轻拨着和弦带着温度说："你的故事进到我心里，我想来为你唱一首歌，好吗？"

隔天，很舍不得地要挥别这里。火车慢慢地驶过让人舍不得闭眼休息的美极了的海岸，经过几个长长的隧道之后，车窗外的光影，从大海，变成了大山，正要迎向海峡，就在这个时候，我的手机里传来了锦敦的这段文字，我先这么地回了信：

锦敦：

火车刚过枋山，在迎向海峡的火车上，收到你这段看似淡淡但极致深情的文字，瞬间湿了眼眶。

生命，得以这样活，感谢天地啊！

如果可以，我们继续这样对下去吧！

哈克

是的，要说这本书，就没有办法不来说说我们的友情。

我和锦敦，接近中年时才遇到彼此。

我们都敏感，带工作坊时用主办单位的麦克风，却总是无法承受那一点点的回响或小杂音，所以，我们出门总是背着自己的重重的扩音机和麦克风。我们都很专情、专心地爱着心理治疗专业，带工作坊陪伴主角总是全心投入，于是，回到自己的家，常常都需要一段不短的修复时间。

我们，都深爱宝岛，一有机会就要上山下海，听着海浪刷过石头的滚动声音，总是可以蹲在海边好一阵子。记得有一回，我们一起开车走南回公路，大武山的风吹来，锦敦的脸上瞬间来了一阵笑容，然后，那个笑容就一路上都在了。

我们真的很像，我们真的很不一样。

我的情常常满溢，锦敦的情深埋心底。

我常常感动到忘了全世界，锦敦总是贴心地想着怎么多照顾一点身边的和远方的朋友。

遇到挑战的时候，锦敦很能等一等，愿意呼唤出力量来撑着，然后等待生命在翻山越岭之后因为有了新的空间而带来新的可能。而我，本来不是这样，因为和锦敦常常在一起，所以我一天一天学习着。

因为那么一样，我的孤单少很多。

因为那么不一样，我一路上因为学习，生命似乎越来越完整。

真心地期盼，这本交换故事的书，只是一个开始。也真心地祝福遇见这本书的朋友们，逐渐拥有属于自己想要的模样。

我们在这里，交换风景，交换故事，
交换生命的精彩与安静。

锦敦　哈克

目 录

1 活出自己的味道

2 踏上旅程

3 清醒

4 陪伴

1

活出自己的味道

我们这辈子就这么一次，
如果不活出自己生命里的光，
那要活出谁的？

配方

|01|

拥有自己的味道

哎呀！神秘配方！

哈克

在外头带领工作坊，常常被年轻的朋友问到：

"大家都说，赶快定下来，这样飘飘荡荡下去，不是办法……"

"师长们都说，你再这样下去，我跟你讲，你真的会很惨。"

我们跟这些年轻的孩子一样，总是在这些此起彼落的恐吓声中，一天一天地继续努力，然后拥有自己稳定的成长。

拥有神秘配方的开端

几年前，我的好朋友教会我一个神奇句子，用在别人威胁、讨厌我的时候，跟自己这样说：

"你可以这样想，我知道我不是那样①。"

我非常喜欢这个说法，别人可以给我打叉，但我没有必要给自己打叉。即使身旁的人给我打叉的时候，我依然给自己一个空间。我没有说就是要这样任性地长喔，但是我没有打压我自己。所以，这个自己，就有机会长长看，然后在生命的下一个阶段再做选择，选择看看我们要不要成为这样的自己。

年轻的孩子跟我说："我知道工作稳定很重要，可是，我好想试一试，我好想出去走一走，去看看这个世界……"

是呀，是这样啊，就是这样一个一个的声音被听见，长长看（成长、长成、变成某个模样），于是，可以拥有自己的"偏好"。

等待小绿苗的冒出

在咨询心理学的叙事取向里，我最喜爱的，就是这个**偏好**（preference）的概念。偏好的意思，不是大声猛烈地说："你不对，我才对。"而是跟自己说："这是我想要长成的样子，我想要试试看，我想长成这样看看。"于是，先让它有一个小绿苗冒出来，即使别人说这样不好，也给自己一个机会长长看，因为，我真的不知道，我的生命这样子好不好，那是一份神秘配方的开端！

有意思的地方是，生命似乎就是一种神秘的配方。每一个生

① 你，指的是威胁、恐吓我的人；我，指的是我自己。

命都藏着独特神秘的配方，没有人可以告诉你，你怎么配最美，同时，因为只有你自己会真切感觉到这个配方和那个配方的差别，所以，你也只能自己配配看才知道。

配方，是一种搭配，combination。如果可以，偷偷地、慢慢地、又真真实实地，让自己有配那个配方的机会。

然后，配配看，长长看。

这就好像泡香草茶、薄荷、甜菊等，自己搭配会特别有意思！如果自己的园子里，没有长出自己的迷迭香嫩芽，那怎么知道绿芽的透亮柔嫩有多美呢？神秘配方，不是听说的，不是别人园子里长出的植物，因为那是听说的味道。

生命的神秘配方，是自己的生命，是自己的花园里长出来的薄荷，新鲜的，摘下来。然后，会发现，春天摘下来的跟冬天摘下来的就不一样，它是很独特的神秘配方，说不定，可以给自己机会，至少给自己一两个机会，配配看。

听说："调配神秘配方时，要有很大的勇气，因为在配的时候，很怕配错。"

呵呵，真的自己调配过神秘配方的人都知道，配错，几乎是必然。一开始都会配错，因为没有配过。

我很喜欢看中央电视台的纪录片《舌尖上的中国》，他们在酿造各式各样独特的酱料的时候，那个神秘配方是经历过多少岁月才配出来的比例。花椒、菜籽油、秋收之后的稻花鱼，要配多少，没有人知道，刚开始的时候是没有任何人知道的，于是，试试看，配配看，因为真的没有人知道怎样配最好吃。

于是，经过岁月才知道："啊，我最爱这样配！"

在生命的季节中，创造配方

秋天的鱼，一年只有一季，一年只有一次。于是，经过这一季，经过这一年，再试一次，然后终有一天，微笑又叹口气说："对了。对了。对了。"

20岁那一年，我拿了"冲动"配"热情"，开启了咨询心理学的探索。

30岁那一年，老天爷给了我"机会"，配上我自己的"努力"，再加入"一次一次不放弃"的料，用心琢磨着设计一场又一场的咨询训练工作坊。

40岁那一年，用"温暖"配上了"传递"，于是有了"好好给出这个和那个"，我的想法与体验逐渐变成文字，写书变成作家的趋势已经隐隐成形。

45岁这一年，我每天清晨做安静练习，好好地问自己："什么，加上什么，配上什么，是我最想创造的？"

听说：

春天，适合闯荡

夏天，最爱飞翔

秋天，欢迎安静

冬天，慢慢地来

　　每一个季节，都依然、仍然会出现这样的疑问："这样选择，对吗？"然后，我们可以深呼吸，这样问自己："这个季节，来拿什么，配点什么，会很美好？"

哇啊！香料市场！

锦敦

调制自己的香料奶茶

读到哈克这篇文章，看见标题里"神秘配方"这四个大字时，我的鼻息里几乎同时闻到了香料奶茶的味道。

已经是第4年了，每天早晨只要有空，我就会在炉火上用一口小锅，放进多种香料、茶叶、姜、鲜牛奶，慢慢煮一杯饱含异国风味的奶茶，用这气味当作唤醒一天的通关密语。对我来说，香料奶茶就是一种来自神秘配方的滋味。

会煮这样的奶茶，要说到2011年我在尼泊尔旅行时的经历。我发现很有意思的尼泊尔人竟能把许多味道强烈的食材揉在一起，让它们成为各自浓郁却彼此调和的一杯饮品。因为那独特的味道实在令人难忘，所以回国前我就央求奶茶店的老板，卖给我一些他们调好的香料，好让我能把这样的味道带回家乡。

一个月后，带回的香料已用罄。对这味道已经上瘾的我，心里就急了起来，想说："如果以后喝不到这种味道怎么办？"因为实在太喜欢了，我就开始"土法炼钢研究"如何使用买得到的材料，来调配一杯香料奶茶。

牛奶，最简单了，用全脂的就行。

茶叶，台湾茶种很多，但需要香气十足且能与香料协调的茶种。经过一番尝试，发现日月潭的台茶18号能担此重任。

香料，则是最重要的主角，那是味道的关键所在，但同时也是最难找的，因为这些味道并不是日常生活中所惯用的。我花了很多时间在香料的调配上，豆蔻、小豆蔻、丁香、胡椒、肉桂、姜母……一样一样地尝，既试配方，也调比例。

如此经过好几回的尝试后，终于调出了我喜欢的味道，而这味道，早已和当年尼泊尔带回的香料味道有所不同，但对我来说更胜当初，也算是独一无二的神秘配方了。

从调配奶茶的过程里，我发现若要调出自己最喜欢的味道，配方，真的得自己为自己找，自己为自己尝，那是食材和自己舌头不断对话的结果。所以当哈克在文章里说，"每一个生命都是神秘的配方，没有人可以告诉你怎么配最美，只有你自己会知道，所以你要自己配配看",我对此就很有感觉。

很明确地,若要调制出自己喜欢的味道,就不能拿别人的舌头来尝,这一切得要自己来。调制食物,是如此;对待生命,亦如是。

魔法的源头:香料市集

在高度倚赖香料调味的国度里,如尼泊尔、土耳其等,逛他们的香料市集其实是一件极其有趣的事。

2013 年我到土耳其旅行,有一天我钻进当地的香料市场。在那里,每个香料摊前都是满满的人,各式各样的香料被堆成一座又一座的小山,摆在摊前。

红的、黄的、绿的、褐的、紫的……各色香料,像走 T 台般地招摇于市。人们聚集在此,就为了寻找心里那渴望的味道,而我则在一旁,像欣赏电影一般地看着人们寻找的过程。

店员挖起一小匙香料,递送到顾客面前,客人身体微微向前、轻抬下巴,让鼻子更专注地暴露在香气的范围内,然后闭起眼睛,深深地吸进一口气。或是用食指与拇指轻捏起一小撮香料,送进嘴里,然后闭起眼睛好好感受。

我最喜欢看他们品尝香料时的神情,或皱眉、或微笑、或惊喜点头、或吐舌摇头,你几乎可以在第一时间,在他们开口说话之前就知道这些香料带来的情感：轻巧的、浓烈的、厌恶的、层层韵味的。对于味道的感受，这些料理者绝对真实，一点都不虚伪做作。而我几乎也可以想象，他们在尝到喜欢味道的同时，就已经开始在脑海里把气味编织到食物之中，启动调制配方的程序。

若说香料是那促成魔法的晶亮粉末，那么，香料市场则是所有魔法的源头。对于想要调出独特味道的人们，得走进这地方品尝、拣选才行。

常逛市场，挑挑，选选

2015 年初夏，写这篇文章的我，正在新疆的伊宁旅行。这是一座充满绿意的小城镇。我在这里的青年旅馆待了好几天，遇见了几位年轻人。有一天早晨我们一起用餐时，其中一位年轻人说着这几年在西藏徒步越过雪山，以及到云南、新疆旅行的足迹。

我看着年轻人手机里的相片，在一片满是雪白的山里，他背着重装走路，一步一步在雪地踩出深深的脚印。心想，这是多么不容易的事啊！接着我把视线从手机移到年轻人的脸上，问道："你是从什么时候开始这样走路的？"

年轻人回答："我本来是个很宅的人，不喜欢动，直到有一天，差不多是大学毕业不久的时候，我读到了一位日本作家的书，书名好像叫作《不去会死！》，不知怎么的就很打动我。从那时候开始我就这样徒步、旅行了。"

原来，他的香料市场，是"阅读"。"旅行"是他从书里头找到要加进生命的独特配方，也因此改变了他的生命状态。

这个年轻人的话语，让我的心里头暖了起来，常带团体（做咨询）的我很自然地想在此主题上停留。我像一个团体的带领者，把视线移到另外一个年轻人身上，问道："那你呢？你是怎么开始旅行的？"

问对问题的时候，你从一个人的反应就会知道。

这年轻人睁着大大的眼睛，好像早就等着回答这样的问题。他眼里头像点燃着火，说："我是看了一部叫作《转山》的电影。黄大哥，我觉得你有空一定要看看，我就是看了电影里的西藏风光，那实在太震撼人心了，心想怎么会有这么漂亮的公路，于是我就找了时间，骑着自行车沿滇藏公路走了一个月。"

原来，他的香料市场是"电影"。他从电影的画面里，放进了一趟自己原本无法想象的旅程。

接着，我转头看着这家青年旅馆的老板，她是个女生，安徽人，30岁上下。但我这次有兴趣的不只是旅行，而是把焦点放在生命的转折处。我问道："那你呢？怎么会跑到这么远的地方来开青年旅馆啊？"

"这其实就要说到好几年前我到台北旅行的经历。我从小因为发生了一些事，不太信任人，直到几年前我到台北自由行的时候，因为阴错阳差没有带足够的钱，而我的提款卡那时也无法使用，青年旅馆的老板知道后竟说不跟我收钱，而只有一面之缘的另一位香港来的室友，竟然放心地借我旅费，等我在香港机场过境时再提款还她。这件事情真刷新了我的世界观，原来人可以这样彼此对待。所以那时我就起了这样的念头：开一家青年旅馆，让这样的事情继续发生。"这位青年旅馆的老板，说着这些过往经历时仍满脸动容。她说她很喜欢现在正在做的事，这是她的梦想。

原来，为她人生带来转折的香料市场是当年的那一趟旅行。因为旅行中的体会，让她为自己往后的生命做了一大盘好菜。

旅行，其实也是一个对我很重要的香料市场。34岁那年，我带着迷茫的心情，只身出发旅行一个月左右，带回了安稳。从那一次开始，每年我都会安排一场独自的旅行，通过移动来碰触各种可能，看看能为接下来的生活加进些什么。

寻找自己的香料市场，是件迷人且重要的事。它或许是一位睿智的长辈，或许是一场工作坊，也或许是大自然，也或许是某位导演的电影。我们确实可以好好想想：接近哪些人、通过哪些路径，我们就更有机会和自己的神秘配方相遇？而我们又要花多少时间在这些地方驻足停留？若你渴望的是香料调出的滋味，但最常逛的却是名牌服饰店，那么，是无法与这样的味道相遇的。

如哈克所言，每一个生命都是神秘配方，那么，我们要调配自己的生命味道时，就得要认真地寻找、创造属于自己的一个个香料市场。

配方

| 02 |

翻越人生山岭

只要认真**长自己，**
就有**坎坷**的三十几

哈克

一位年轻的朋友，来到我面前，灰灰黑黑的面容，说着想要的梦想与实际的限制，说着渴望的海洋与干枯的陆地，说着好不容易燃起的一把火与周遭像是黑龙江冬天般的冰雪。

我用心听着，接着叹了一口长长的气，然后说："只要认真长自己，就会有坎坷的三十几"，年轻人的眼睛，瞬间落下泪来。

认真长自己，指的是，决定听听心里的声音，看看生命想要长成什么样子！因为认真长自己，就要很用力，然后，就会碰撞着自己心里头一层又一层的关卡。这句话"只要认真长自己，就会有坎坷的三十几"里，数字其实是可以置换的：

"只要认真长自己，就会有坎坷的二十几"

"只要认真长自己，就会有坎坷的三十几"

"只要认真长自己，就会有坎坷的四十几"

当那个用心凝视自己的人

我们常常没有一个理想的、滋养的、阳光和煦的环境，常常没有一个人用心凝视着我们的眼睛，然后温柔又开阔地问："嘿——你想要长成什么样子？"所以，真的只能，也只好，自己当那个用心凝视自己的人，温柔又真心地问自己："嘿——长成什么样子，会是我们真的想要的？"

一旦走到这里，一旦听见了一点点，坎坷，就在眼前。

坎坷，不是"唱衰"的说法。坎坷，指的是，前头的山路，真的不会好走，横在眼前阻断去路的溪流，常常不会只是清凉可口。坎坷，说的是，想去那里的渴望与热情越独特，召唤而来的挑战、迎接的考验，似乎真的就是需要越多的决心与行动。

那是一个暑假，7月初，我带着一群可爱的老师们做研习。两天的热情渴望工作坊中，40位眼睛发亮的、从各校来的生命教育种子教师，挑着红花卡、热情渴望卡，说着内心的生命故事。好几回，我都舍不得打断大家的分享，于是原本准备好要说的主题，只说了2/3。第二天的早晨，我拿着麦克风开场，说了一段这样的话：

有人的地方，就有情感；

有情感的地方，就有味道，所以我们会说这真的是有人味的地方。

同时，有情感的地方，就容易有混乱。

我们，不是要避免混乱，而是可以学习如何在有人味的世界里，继续爱着彼此。

"爱着彼此"和"碍着彼此"，念起来一模一样。有连结有关联的人，才有资格"爱着彼此"；同时，有连结有关联的人，才有能力"碍着彼此"。哎呀！如果这样碍来碍去，人味的世界，就坏了味道，真是太可惜了。

有坎坷，有美丽

我有时候会这样觉得：坎坷的山路，有一半，是碍着你的人创造的；同时，湍急的溪流，有一半，是你为自己创造的。在搞不定自己之前，我们只能怪那些碍着自己的人。所以，先搞定自己，是迎向坎坷之后美丽至极的生命时，几乎必然的开端。

怎么搞定自己？可以试试看从生命里一个又一个的小选择

开始。

前一阵子的一个傍晚，我很兴奋地在厨房旁边跟夫人说："母校请我回去，给所有的大一新生讲《做自己，还是做罐头》耶！"那是我长大的校园，被母校邀请回去，这对我来说，是很大的光荣，只是厨房里正忙着的夫人，却没有迟疑地丢了一句："可是你上次回另一个母校演讲，胃痛着回来的，你确定吗？"哎呀，也对。

于是，我决定，等一夜，再回复母校的邀约信。夜里，梦来了，我梦见匆匆忙忙的我，外带了热汤和饭回到住的地方，角落里摆着原本很香醇很好喝但已经放到坏掉的深绿色甘蔗汁。

梦醒，清晨，我在床上解自己的梦。哎呀！这么清晰呀！

香醇好喝的甘蔗汁，说的是当时我正在书写的新书，意思是：要小心，不要放着放着，就放过期了，坏了当季的好味道。而梦里出现的匆忙外带的热汤和饭，是潜意识大声告诉我："亲爱的自己，你太急了太急了，不用那么急，不用如此匆忙，把匆忙的心放下来，来凝视、来享用当季书写的美好，好吗？"[1]

好，梦的信息来了，那就听。听见了，就有了新决定。有了新决定，又开始动身，说不定，就涉水渡过一半的溪流。我们，用心认真地长自己，透过倾听自己的声音，然后，有余力时，也

---

[1] 后来，这个"甘蔗汁"的梦，真的就被好好地写在 2015 年出版的哈克第 4 号文字作品里了。

可以听听身旁的人，听听她或他的渴望，在风强雨急的岁月里，也帮忙浇灌一点暖暖的阳光。

理解自己的梦，只是众多听自己内在声音的方法里的其中一个管道。散步、安静地走一段登山步道、泡个温暖的温泉、打球运动流汗，这些，都有机会让我们纷杂的外在信息不知不觉中落下，落在身旁。于是，留在心里的，等着被听见的，就常常是这个生命季节里，最需要我们听见的声音。

好一阵子的我，很喜欢帮"心理咨询"找新名字。想来想去，我想到了两个特别有感觉的名字，一个是："专注地找到美、欣赏美的专业"；另一个是："安静地听一个人，说他想长成什么样子，然后，陪着他想办法好好地成长"。

会不会，因为这样，有一个人安静、专注地听着，于是，那些原本模模糊糊的、说不清楚的、但又很想靠近的，有了一个大大的园地，可以发芽；有了一片清澈的天空，可以试着展翅；有了一个清澈安静的水域，可以感受温度。

扛起自己的人生

锦敦

读着哈克的这篇文章，思绪飘到了自己 30 岁那年，那时我时常感到迷惑和忧郁，心里常想着："我对自己生命算认真了，也努力了，可怎么还是那么困难？"但现在回头看，就会发现此刻生命里的很多精彩都从那时来，若没有那年的决定和接下来几年的坚持，人生的路实在无法走到这里。不过话说回来，即使到现在，当我走在自己的路上的时候，疑惑与困顿仍不曾间断过；做自己所要承担的，并没有因年纪渐长，而得以豁免。

一个亘古的结

2014 年冬天，在一场我和哈克、祺堂合开的工作坊里，有位学员小雅在现场用以下这段文字，描绘她走在自己的路上的心情，既是表达，也是询问。

现在的心境与处境，很像哈克所说的爬山一样
爬着山路，爬着爬着
刚开始带着美的眼睛、美好的期望以及无限大的梦想
想一步一步无论再辛苦都要走出自己的路
可是，走着走着，
遇到了许多的刮风下雨、水洼泥泞、渺无人烟的荒野后
看着山下一间间的房子升起的袅袅炊烟
突然间觉得好想哭、好慌张、好无助
山下的房子里充满着幸福、欢笑与温暖
而我望着远方的山路，却不知道尽头在哪
甚至哪里是平地，可以让我安心地歇息一下也不知道
旅途中，常常会一个人坐在地上哭
需要躲在黑黑的山洞里，准备好久好久
才有勇气出来继续面对挑战
但常常一下子就用光了勇气，又要回到山洞里蜷曲躲起来
……
自己在这一路上，每当看到山下的平房时，对比自己的状态
就觉得自己是不是不够好、不够有能力

才弄得这么狼狈与不知未来的去向

在现场，小雅是带着眼泪把这首诗读完的。她用如此美丽的文字，问了一个很重要的问题：

"我认真地翻越山岭，想要拥有一片属于自己的生命风景，但怎会经历如此的迷惘、犹豫和自责？"

小雅所表达的，完全符合哈克这篇文章的篇名——

"只要认真长自己，就有坎坷的三十几"

很有意思的是，这句话中间有个逗点，将"认真长自己"和"坎坷的三十几"分成两边，一边说的是走向理想，一边说的是受困于现实。

"理想"和"现实"这两个声音的拉扯交缠，有如一个亘古的结，要一代又一代的人们亲身费力去解。不过，这结虽费力难解，但仔细观察，就会发现许多动人心弦的故事，不也都是从这里开始说的？

为什么要长自己？

2014 年夏天，我到内蒙古自助旅行。在这段旅程里我有 5 天的时间住在青年旅馆。还记得第一天刚抵达这间青年旅馆时，背包才放下，就听见一个二十出头的年轻人正和别人说着昨天上山时的风景：

"在村落不远处，在草原和山岭交界之地，花是满山满谷地开。"

我听了整个人亢奋起来，问眼前这位还不相识的年轻朋友："待会儿可以带我去吗？"

就这样，那天傍晚他领着我走了3小时上山看花。路上我们聊着，才知道他刚从大学毕业，家乡在云南。因为梦想着有一天可以回乡开青年旅馆，所以毕业后没和同学一样留在城里找机会，而是到了这家青年旅馆工作，在这偏僻的小村落里累积经验。他说这几年的计划就是到不同的青年旅馆好好学习。这离乡逐梦的年轻人说着这些话时，眼里闪闪发光。

那天晚上9点多从草原看花回来，梳洗整身的青草痕迹后，晚上11点我坐在大厅里整理照片，一个二十出头的女孩向我走过来。她是正在这家青年旅馆打工换宿的旅人，白天我们说过一些话。

她带着有些腼腆的神情对我说："黄大哥，我想写一封信给母亲，但不知如何下笔，想问问你的想法。"

和她一聊，才知道她一个人离家旅行，想通过旅行看看世界和认识自己。她说："我给自己一年的时间用打工换宿的方式旅行，但母亲很反对，一直不谅解。但我对自己有计划，有自己想要看的，所以真的没法不做这件事。明天是她的生日，我想趁这个机会跟她说说话，我真的想让母亲能了解我在干什么。"这个很漂亮的女孩，说着说着，抿着嘴，眼泪都快掉下来了。

那天我和她简单讨论信的内容后，安静地看着她，说："你坚持追寻自己要的，却很努力地让母亲了解你，看你这么做，我是感动的。你要继续加油哦！"我一直难以忘记那天那双同时拥有泪水和笃定的美丽眼睛。

5天后，女孩背着大背包往西藏去了。同一天晚上，在同一个大厅，负责管理这家青年旅馆的女孩刻意挪了时间过来和我说话。一聊，才知道三十出头的她远从广东来，还是个外科医生，已经受过完整的训练。

我问："那怎么不想到医院当医生呢？"

她说："谁说我这辈子就一定得做什么了？我想先试试看，能不能再经历另一种生活，过另一种人生。"

听她这么说时，我心里想着："哇！这间旅馆活像是龙门客栈，这些一个又一个卧虎藏龙的人们，似乎正翻转着这世界习以为常的运行法则。"

在我读着哈克这篇文章时，这些身影就咚咚咚一个个跳了上来。他们年纪不同、背景不同，但对我来说，都是"走在自己路上的人"。有的正开始探索，有的已成为生活，但无论如何，都那么好看。听他们说话，他们的眼里都有一种跃出的光。而这些人，也正是哈克所说的"努力长自己"的人。

我想，这就是为什么人要费劲地"长自己"。因为我们这辈子就这么一次，如果不活出自己生命里的光，那要活出谁的？

与风和浪一起前行

虽说现实常绊住理想，但我越来越觉得"理想"与"现实"之间并不是对立的。对我来说，现实（环境）像是海洋，它承载起我们真实的生活，而理想（想要成为的自己）则似灯塔，可以为我们照亮一个方向。所以当我们航行在浩瀚的海洋中，可以有两种选择：

一种是随着阵阵浪头，任意漂流。如此自然不费力，但也就会累积出一种随波逐流的人生。

另一种选择则是，在海上时时凝视灯塔的方向，好好感受身处的浪头与风势，若顺势则乘风前行，遇逆势则用力握桨，即使停滞不前、即使偏离航道，也要想办法回到原来的方向。要这样做自然费力，但这是想走自己航程的人不可避免的。

当我用海洋和灯塔来看"长自己"和"现实"之间的关系，就会让我想起刘若瑀在《刘若瑀的三十六堂表演课》一书里所谈的一个概念：一个好的演员需要认识自己的空间，但同时也要发展觉知外在空间的能力，如此才能带着"自己"进入"现场"（当下的外在空间），做出一场场活生生的演出。若表演者无法随着现场不同的条件（光线、温度、观众等）调整自己的演出，那么表演就会流于机械，失去流动。

这样的概念里说的，在"现实空间"的舞台上演出"自己"，是一种重要的能力，是需要好好学习的。

所以，在人生中我们不要仅看见自己的灯塔，还要认识大海，学习如何在现实的海洋中调节自己，或许是等待风雨渐歇，或许是累积足够的力气，在这个过程里找到与风和浪一起前行的方法。如此，我们才能在经年累月的航程里逐渐成熟，越过风浪，靠上属于自己的海岸。

扛起自己的人生

回到 2014 年冬季的那场工作坊，那天，我大概是这样响应小雅的：

"我们可以想象，在山下炊烟袅袅的屋里，或许也会有双眼睛，正抬头望着远山，看着你的身影，心里想着：'如果我也能这样走在山上，看见那山的风景，该有多好？'所以，重点不是'山下的安稳平顺'或'启程的冒险精彩'哪一个好，而是若你要经营山下的安稳，就无法同时拥有一大片山上的风景。人生里我们不可能全部都要，也就因为如此，我们才要更认真地问自己：

'什么是我要的人生？''哪一条路是我甘愿付出代价，也一定要走走看的？'因为，一种选择，就会有一种美丽，但一种选择，也会有一种承担。"

或许我们也可以把哈克的"只要认真长自己，就会有坎坷的三十几"这句话稍加修改，然后反过来说：

"倘若你愿意扛起坎坷的三十几，向着灯塔前行，人生里真的就有机会，长出一个又一个坚实且美丽的自己。"

2

踏上旅程

好好珍惜，珍惜这辈子可以
实现心中渴求的那个机会

配方

|03|

迎向新旅程

路菜

哈克

　　那一年，玄奘徒步，走出熟悉的中土，翻过大山，去往天竺国取经的千里之途。那是一段为了再靠近智慧一点点的旅程，所以上路的日子里，不知道玄奘随身带着的安饱肚子又安心的食物，是什么？

　　路菜，是离开家乡、踏上一段不短的路途之时，背包里会准备的、可以保存很长时间的食物。

　　夜里，看《舌尖上的中国》纪录片里，说着四川养蜂人在秦岭放蜂养蜜的日子里，准备的路菜是麻辣香肠，因为带着的熟悉的味道弥漫了舌尖，所以思乡之情有了照顾。

　　"路菜"两个字一进我的心里，瞬间震荡着。

　　哎呦喂呀！

我在心里低吟着，带上路菜，于是，上路时：

勇敢多一点，让害怕少一点

安心多一点，让孤单少一点

熟悉多一点，让黑暗少一点

温馨多一点，让啜泣少一点

炉火热一点，让冰冷少一点

路菜，这两个字，好几天萦绕在我心里。回荡了几天之后，我忽然理解，之所以会这样震荡是因为：路菜，不就正好是"为自己迎向改变的准备"吗？

想起了去美国读咨询硕士的那三年。

那个年代，每个留学生都会准备一个电饭锅，包好捆紧带上，好确保到了那个人生地不熟的地方时，有一个熟悉的蒸煮食物的电饭锅可以用。我还记得，在马里兰大学冰天雪地的冬天里，原本不会做菜的自己，第一次用电饭锅炖香菇鸡汤的情景。

我还记得，多少个埋首苦读的夜里，吃着电饭锅煮出的白米饭，温暖畏寒的心。电饭锅，对我来说，正好也是一种路菜，是我追求那个原本无法想象可以实现的梦想，在那个一路上跌跌撞撞似乎随时都会失去梦想的路上，我为自己准备的路菜。

很喜欢英文的一个词组：weather the storm。

意思大概是：度过风雨、撑过狂风、走过风雨。这个词，也带给我一种"准备着的姿态"，准备着要度过眼前可以预见的不小的风雨。路菜，也好像是一份准备，为了 weather the storm。

不把力气留在担心这里

很多年轻的朋友问我："哈克，你当年从电机系离开，去念心理咨询，你心里不害怕吗？你为什么敢行动？"

我，当然害怕，怕死了。

只是，我没有把力气绑在害怕这里，我没有把力气留在担心这里，我没有把力气缠绕在"如果没有成功，那怎么办？"的哀愁里。

我把力气和青春，整把整副地，投注在准备里。我准备着所有可以聚集起来的路菜，迎向可以预见的挑战与崎岖的山路。

路菜，不一定只是菜，那些可以让自己安心温暖的小东西，都可以是路菜。

一条三色条纹的毛巾被，是路菜。熟悉的触感、颜色、体温的味道，让这一条毛巾被，温暖人心。

一个喝着热茶时熟悉的茶杯，握在手里，即使在异乡，也有着温度，这也是路菜。

生命的不同季节里，也可以准备不一样的路菜。最近中年的我，随身带着雕刻刀、木头，去外地带工作坊的那几天，我带着；去写书的那几天，我带着。木头的香味与顺手的雕刻刀，成了我这段岁月的路菜。我准备着、慢慢地幻想着会不会有一天，可以移动到心理艺术家的位置，而这个移动，很有可能是我人生即将发生的不小的移动。

如果移动不小，如果追求的梦想不是想想就知道能实现的那种，如果很清楚地知道，一旦走向那里，挑战一定不小，那么，路菜，可要好好准备呢！

准备路菜，意味着，我确定我真的要上路了。

于是，上路前心里的那些挤挤簇簇的担忧，就在准备路菜的同时，逐渐消退。于是，我们从"不知道会不会很难哦？"移动到："呀，要来准备什么带在身边呢？"

这个移动，其实是很根本的移动，一点都不简单。

我的第一本书里，有一个数红豆的故事，那是我真实的故事。我在马里兰咨询研究所学习的时候，几度因为英文太差跟不上而濒临退学。在那些慌乱满满的日子，就是那一把红豆，在我的窗边，成了 weather the storm 的依靠。

我每天，都会去摸摸窗边的红豆，然后鼓励自己，再努力一点点，然后在每一次努力之后，就拿一颗红豆放进另一个小碗里，听见那一声珍贵的"叮咚"声音，是那段岁月里罕见的有控制感的"叮咚"声。还记得自己拿着英文书，一句一句背着《初次晤谈》时，那些要先准备好的跟美国学生说的英文句子，背十个句子，投一颗红豆，一天一天，看着红豆变成满满一碗。

还好，当年我有准备红豆这个路菜，实现了人生第一个梦想，成为一个心理咨询师。

还好，当年有准备电饭锅这个路菜，于是，在那个寒冷的冰雪覆盖的冬天，没有被冻僵。

会不会有新的路菜，带我走向新的可能？

当年，玄奘上路前不知道带了什么路菜？

旅游指南与干脆面

锦敦

爱旅行的我，听哈克说着"路菜"、电饭锅时，不禁哈哈大笑！

这让我想起 2013 年的初夏，我到土耳其旅行，在出发前一天的晚上，面对着被我塞满的背包，心想："18 千克，我怎么这么行，是疯了吗？""这样搞一定会走不动。"于是我把背包里的东西全都倒出，先把非带不可的物品，护照、药物、保暖衣物等一一放进包里，其他的，再看需要依序置入。

雨具、保温瓶、旅行札记本……我一个一个放，直到最后我只能再多塞进一个物品时，我在土耳其旅行指南和干脆面之间犹豫了：这要带哪一个好呢？

最后，是干脆面赢了。

那三包干脆面，让我在约旦机场地板过夜的那一晚，能用家乡的滋味排遣孤单；让我在卡帕多奇亚峡谷内担心迷路时，嘴里还能咬嚼着确定的味道。干脆面，是我旅行时常备的路菜，这个味道能安心宁神。

启程，就唤来担心

说来话巧，我收到哈克这篇文章前的一小时，正在澄清湖的树林中，眼里看着让人迷惑的湖光水影，心里想着下个月（2015年5月）将至的新疆旅行。

旅行，是我的热爱，这些年来帮我创造了很多精彩。但即使如此，我面对每一场旅行时，心里仍会有许多的担心。

"担心什么？又不是新手。"有一次一位朋友不解地问我。

唉！一个人若要担心，还怕没有可担心的理由？

我担心面对如此陌生的土地，该如何驻足？我担心那里的人是否友善？甚至连那里的马桶是蹲式还是坐式的，都曾在我的脑中盘旋，更别说每次搭飞机，我心里都一清二楚，万一不小心……

"这么多担心，就不要去了嘛！"

这当然是最简单的答案，但对我来说，旅行就像呼吸一样的重要，我怎么能因为担心，就要我的人生，一直憋着气呢！

这几年我慢慢知道，旅行，绝不是从搭飞机出门才开始，出发前心里的挣扎早就启动了一场内在的旅程。

呼叫！呼叫！以前的资源

那天，我因为这个担心，打开计算机，寻找以前面对它的足迹。

我找到名为"旅行"的文件夹，右键单击，出现了二十几个文件夹："患难之爱""亲爱的爸妈""生命旅者"……我把鼠标移动到"2014，我这样决定旅行"的文件夹上，连按两下……

2014 年 3 月 25 日

我坐在常去的星巴克户外区

一旁放着讲义

手上翻动着这一年的日历

心里喃喃……4 月，有四天要去兰屿

6 月，想去新疆或内蒙古

不订机票，就来不及了

但……这真的都要去吗

心里踌躇着

去了，会想家人；去了，还是挺麻烦费力的
那，到底要不要去
做不了最后决定，又合上日历
心想："再感觉看看，过两天再决定好了。"

这已是这个月来第三次想起这事，但都没结论又再搁着。

2014 年 3 月 26 日

手背上用圆珠笔潦草地写着"7,3D"
那是父亲即将入住的病房
今天早上，父亲髋关节骨折
送到医院急诊，需要开刀
我一进医院就和医生讨论开刀的可能风险，风险不算小
接着和母亲讨论术后的照顾
最后，听父亲一再对我们强调，若过程不顺利绝对不要急救
我离开医院时，一颗心早已上上下下好几回

走出医院时，"父亲的住院"和"是否要旅行"这两个看似
不相干的画面却自动交织在一起
我一踏出医院侧门，脑海里就出现一个画面——

我打开日历，翻到 4 月，把"兰屿行"这几个字，一笔划掉
是的，这样的情况，4 月份的兰屿，不适合去了

热爱旅行的我，每失去一段旅程，心就会揪着
带着失落心情的我，在心里问自己：
"那 6 月的旅行呢？还去吗？"
"这旅程，不可以再不见了。"我心里大大地响起了这个声音
我就拿起了电话，订好了机票，其他考虑，再说吧！

这样的过程，让我想起这几年都会有人问我：
"你怎么那么有行动力，可以这样持续地旅行？"
"你都不觉得累吗？"
除了旅行，还有人会问：
"你的自律怎么来的，怎么能这样持续写书、带工作坊，还
有创作卡片？"
答案可能没什么特别的，对我来说，这不是"怕不怕累"的
问题
而是："这真的有机会发生吗？"

一场要克服许多困难才能安排好的旅行
一场喜欢的聚会或课程

一段时间不用再因"担心父母健康而心思不宁"的安心

都可能因为这样的一个突发事件，就消失或延宕

所以，每一个我想要创造的好经验，我都知道需要认真才有机会发生

因此，真的不是怕不怕辛苦的问题

而是我更怕没机会实现

所以我很珍惜

我珍惜自己对人生的"敢想"

我珍惜自己的人生的"可以努力"

而当自己认清自己想要的生活得靠争取和幸运才能拥有的时候

我自然就会记得要紧紧握住，全力以赴

写这些，不是要说父母拖累我们孩子

而是说，父母的身体状况，让我这几年反而更坚定地要好好地活

最后离开医院时，父亲再次说着：

"让我顺顺地走吧！接下来，越来越困难了，我一个人，会拖累大家。"

我泪水盈眶，心里想着：

"那我们小时候这么麻烦，还不是被你们这样养大，'拖累'，这话要怎么说呢？"

书写到这里，我明了：
自己眼前想做的事，因故被阻拦、延宕，心情自然难受
但"珍惜父母情分"和"自己想要的生活"这两个在我心里
都埋在同样深的位置啊！

一年后，再次读着当时的书写，仍是红了双眼。亲情，永远是我心里一处眷恋的园地。同时，我也因这段书写而清醒，我要珍惜"可以活出自己想要人生的可能"。

是原始的力量，带着我们前行

2014 年的 6 月，我已经拿着那天在医院门外订的机票到了内蒙古。

那趟旅程，我沿着呼伦贝尔草原一路往北移动。有天，在一处公交站里遇见几位年轻人，他们想着要沿着中俄边界用两天的时间徒步 70 公里。

他们吆喝着我说："黄先生，一起走嘛！"

我看着自己过重的背包，心想这 70 公里……马上摇头说：

"不成！"

这时，一位年近六十、从马来西亚来的李先生却说话了：

"我想和你们一起走，可以吗？"

几个年轻人面面相觑，我也感到惊讶，心想："这位先生难不成是武林高手，要和二十几岁的年轻人徒步70公里，他手边明明还拿了一把拐杖啊！"

年轻人友善地问："你的脚，好使吗？"

李先生说："不太好，但我很想走这一趟。"

接下来场面就混乱了，几个年轻人七嘴八舌地说着不同的想法。他们对着李先生说："先让我们讨论一下。"随后五个年轻人就在我座位前面，围成一圈。

第一位年轻人说话了："我看不妥，他这腿力路上一定会受不了，我们的进度会无法掌握。"

第二位年轻人点点头："是啊！这太勉强了吧！"

眼看要成结论了。

这时另一位年轻人说："可是，刚才李先生他告诉我，如果这次不走，他知道依他的年纪，这辈子应该不会再有机会走这段路了……"

这话，让现场的人都安静下来。

过了几秒后，一位年轻人打破沉默说："这样吧！我们也不必什么事都得按照计划，不就是旅行嘛！带他一起走吧！"其他年轻人也都点点头。

我在现场其实是很触动的。我亲眼见证这几个年轻人如何在几分钟内，决定要把"人"放在"进度"的更前头。而对李先生，我心里更是充满着敬意。我想，不论年纪大小，在生命有限的事实前，不得不卯起劲带自己上路，这是推动我们一次次启程的最原始力量。

带着路菜，撒下你的种子

哈克在《路菜》这篇文章里，写了这样一段话：

"很多年轻的朋友问我：'哈克，你当年从电机系离开，去念心理咨询，你心里不害怕吗？'"

其实，这样的问句类型，在生活里我们一定不陌生：

"你就这样离职，心里不害怕吗？"

"你就这样去旅行，心里不害怕吗？"

"你就这样放弃掉原来的工作，搬到其他城市住，心里难道不害怕吗？"

会问这类问题的朋友，大概都遇见了一个画面：摆在眼前的是一段迷人的旅程，但真要往前而行，却又令人担心却步。

关于这种人生启程要面对的两难，哈克说的是：备好路菜，好在崎岖颠簸的路程里，安顿自己。而我想说的是：好好珍惜，珍惜这辈子可以实现心中渴求的那个机会。因为，倘若你手中已握有种子，也看见了土地，那就要学着像农民一样，懂得把握在春风雨水的时节里，好好撒下种子。

配方

|04|

活出自由

"无菜单料理"的人生之路

哈克

连着几年的 9 月，我都上了我的恩师吉利根博士（Dr. Stephen Gilligan）的工作坊，之后有一阵子，心里很清澈很干净，耳朵、眼睛、心，都比平常更通畅地接收着。好几回在工作坊里，听着成员分享，我总是闭着眼睛用心听，然后，直直望过去，看着成员的眼睛，开口说一句简单但真实的话语，说着我从他的故事里的看见。那一刹那，眼前的心就在那里绽放、触动，而眼泪就流下来了。

似乎，人生的道路，因为不间断地学习，开始走向新的路途了。在我的心里，礼敬生命，不只是一个想要向那里走去的隐喻，似乎有些时候，已经是生命本身了。谢谢老天爷，让我的生命，走到这里，这是我无法想象自己可以走到的所在。

感觉到自己走进了这个安静的新状态，有一个词忽然跳了出来：无菜单料理。无菜单料理，是厨师的一种境界，说不定，也是人生活样貌的一种选择。

我想起 2014 年的 10 月，那一天，和锦敦巡回新书《陪一颗心长大》分享会，刚结束台北场，转场去花莲分享之前，我们落脚在好朋友阿紫工作的宜兰礁溪。

成为"想尝自己做的菜"的厨师

民宿的女主人，美丽又温暖，她的笑容，像一阵春暖花开的风，常常让进门前，身上原本沾染的灰尘，瞬间滑落。

民宿的男主人，也是主厨文志，他生活的样貌，令我向往！

还记得我自己一个人第一次来民宿的那次，刚入门，文志刚从鱼市场回来，满袋新鲜渔货，我伸手要和文志握手，他有点腼腆地说："手上都是挑鱼时的鱼腥味，等一下，要先洗洗手"。

那一次，我有一小时，就只是坐在木头椅子上，看着文志拿着长长的白刃刀，极致安静地切着生鱼片。

这一次，锦敦听我说这家民宿的故事听到受不了，说："这次去花莲之前，半路一定要去"。所以，这个秋天一开始，我们就来了。

有好朋友一起吃东西，真是加倍快乐，特别是能够一起享受无菜单料理。这一个晚上，我们几乎从头感叹到尾（像是：吼！怎么这么好吃！），从 7 点吃到 8 点半，主厨文志拉了椅子，和我们一起坐着，一边喝清酒一边说话。

文志说，他坚持做无菜单料理，因为，只有这样，他才会想尝自己正在做的菜。我和锦敦好奇地看着文志，当然希望他继续讲下去。

文志说，如果菜单上有固定的选项，像是红烧小卷，那么，冰库里，常常就会有一个月份的冰冻小卷等待被做。一样的菜单，一样的调味料，一样是那一次捕获的那一批小卷，于是，一天一天，做出来的红烧小卷，味道都会一样。所以，到后来，厨师不会想要尝尝自己正在做的这道红烧小卷。

哎呦喂呀——

我懂了一点点，原来，无菜单料理，正好是连锁餐饮料理中，最强调的标准化程序（SOP）的相反面。因为没有 SOP 的流程，所以，不确定因素增加，所以，厨师要真地打开感官，活着，好好活着，然后好好活着地做着菜。

我想起刚刚吃到一半时，我问还在厨房忙着的文志说："文志，我怎么觉得，今天的烤鱼，比上次我来的时候更好吃？"

"呵呵，因为你上次来，是春末，现在是秋初。秋天，鱼肉特别香甜，脂肪分布特别美。"文志边在陶锅里摆着现采的蔬菜，边回答着。

是喔！

原来，因为没有菜单，因为要看今天渔船带什么新鲜渔货回港，因为季节更替，因为知道今天有客人懂得品尝，厨师，要整个人、整颗心都动起来，然后认真地做菜。

这样一来，整个人动起来，活着，动起来，活着做菜，那，怎么会不感动人！我不禁接着这样想：我们，如果可以这样活跳跳地打开感官，动起来活着，那，怎么会不迷人！

那天夜里，9 点半了，其他客人都回房休息了，我们还在一起，喝着主厨文志珍藏的佳酿，然后，文志继续说着："无菜单料理需要彼此信任。"锦敦和我，听到这个词，瞬间眼睛都亮了起来！文志这样说：

"无菜单料理，品尝食物的人，要信任厨师。而厨师，除了要信任自己以外，也要信任品尝食物的人真地吃得出那一份用心。"

深呼吸的我，很触动。

人生，不也是这样？如果，我真的信任我自己，信任我看见的眼前的生命，信任我可以给出的，即使只有一点点，都是真心款待。那么，我们，会不会更真正地，一起，都真地在这个交会的时刻，活着。

于是，我开始走入山林，无菜单地生活。

于是，可不可以，倾听一个人的生命故事时，无菜单，不走那个流程。

于是，写书写歌，等待内在信息的跳出，也可以无菜单，等待流动的时刻到来。

无菜单料理

亲爱的你，想在哪里，这样活？

无菜单料理

亲爱的你，想和谁，这样彼此信任？

2014年秋末的这个早晨，我写下了这一年我自己最喜欢的一篇文字。

有条件住宿

锦敦

自由里，住着美丽

读着哈克这篇《"无菜单料理"的人生之路》时，我脑海里就浮现出那天晚上和哈克、文志用餐对话的情景。那一餐，我从食物里感受到了季节、海洋，还有料理者的质地，都鲜美得令人难忘。

对我来说，无菜单料理最美丽的部分，就是"自由"。

因为没有固定的菜单，没有特定的做法，料理师傅的全身都可以伸展开来，不用束手束脚地被拘束在某个框架里。这样做出的料理，就会撒进自由的粉末，味道的可能性就会变得最大。

这就如同即兴舞蹈一般，透过人和音乐当下的碰撞交织，没有固定的舞步，人如水般地流动，如风般地吹拂，这种美丽，并非来自精准到位的控制，而是源于内在自由的挥洒。我总觉得，人有一种非常好看的样子，其实是来自于这种状态。

自由会带来美丽，不只在料理，绘画、音乐、舞蹈、旅行，甚至人生，都是如此。活得自由，常令人的生命充满惊喜，美丽且迷人。

就如哈克在文中所说的：

"活着，动起来，活着做菜，那，怎么会不感动人！我们，如果可以这样活跳跳地打开感官，动起来活着，那，怎么会不迷人！"

吹凉凉的风

在"无菜单料理"的隐喻里，自由，是来自打开双臂，不设限制，流动地迎接各种可能。而在这篇文章里，我将以另一个隐喻——"有条件住宿"，来说另一条活得自由的路径。

这几年，只要有空有心情，我就会到都兰走走，那里的自然与充满创意的生活氛围，是我很喜欢的。

在那里有一家很特别的民宿，叫作"来吹凉风"。这家民宿是地地道道的绿建筑，背倚着都兰山，前望着海洋，屋前有片绿意草皮和几棵大树，拥有绝对的自然味道。它屋如其名，即使在 9 月的夏夜里，不开冷气，只要吹着凉凉的风，即能一觉到天亮。

因为对这家民宿的喜欢，我和哈克在 2015 年的春天选在这里合开了一场工作坊，想借此让更多的朋友体验到这里的自然味道。在工作坊的前两周，有一天我打开计算机，收到行政助手寄给成员们的行前通知，里头放着相关的课程时间、地点、交通等信息，其中也包括了"来吹凉风"的网页链接。那天，我点了链接，打开了网页。

认识自己，从脉络说起

网页里，先映入眼帘的是民宿的几张照片，绿意、蓝天和舒服的建筑，让人心旷神怡。网页的右上角则写着"缘起"两个字，我顺着内容往下读：

家里经营套房出租已有 20 年

我曾在台北从事广告业

回乡后发挥所长整理家业

处理居住空间算是有经验

跨界民宿业主要是兴趣

为生命找些挑战

完成了梦想中的建筑

想与喜欢台东自然生活的人分享

体验海岸的山水，都兰的生活

　　我一读，心里"哇！"的一声，这真是一篇很棒的缘起。从家里出租套房、从事广告业、为生命找些挑战，到完成梦想中的建筑、想与人分享自然生活……这短短的几行字，民宿主人已从生命脉络说着自己如何一路走到这里。

　　我心里想，这与其说是民宿的缘起，更像是民宿主人的自我介绍。一个人要能写出这样的缘起，其实得够认识自己，才能用短短的几句话对人们说，我是怎样的人，我如何走到这里，我怀着怎样的理念和梦想做这些事。

　　因为喜欢这段缘起，我就在心里也问起了自己：

　　"我呢？如果是我用这样的格式写自己的缘起，会怎么写？"

　　顺着这样的心思，我打开了一个新的文件，开始敲打键盘，写下我自己的"缘起"。

父母都是踏实的人，重视信仰

他们一辈子踏实地做小生意，也算是自由的人

我跟着他们的脚步成为一个自由工作者，也算是有脉有络

我有活得自由

但不敢忘记踏实

我虽然没有进入宗教，但也常擦拭灵魂之窗

走入心理治疗，主要是对人的兴趣

带工作坊、写书，这些都是我连做梦都不敢想的好事

我这十年，深刻感受到生命的迷人之处

想与有共鸣的人，一起分享

写下这段文字后，我心里就有种安稳出来。知道自己从哪里来、知道承接了家里的什么、知道自己现在喜欢待在哪里、知道自己是谁，这样的叙说，真为自己带来了一种清晰。

限制，原来也是特色

写完我的"缘起"后，我继续读着"来吹凉风"民宿的这页网页。在"缘起"的下头，还有一栏"特色"：

1. 采用最环保节能烧材式的热水器，喜爱古早味的人请来体验。

2. 床单被单以阳光高温杀菌，有自然香气。

3. 纯棉布不加人工烫平，会有些皱。

4. 有厨房，用具全，可以自己下厨，有洗衣机可洗衣服。

5. 没有冷气，非冷气不可的朋友请注意。

6. 露天星光淋浴间，洗澡可以看星星。

我看了，哈哈大笑！心想，这是什么"特色"，根本是一篇"有条件住宿"的说明嘛！

这家伙因为够清楚自己，也够接纳自己，所以就在这段文字里大声地宣告：我这里有什么，我这里没有什么，不论是有的或没有的，都是我的"特色"（没有的并不是缺点喔！），也因此，我知道这里可以欢迎怎样的人，无法照顾怎样的人。

这是多漂亮的"特色"说明啊！没有讨好，没有拒绝，只是说清楚，这里可以有什么，喜欢的，我展开双臂欢迎；不喜欢的，请小心别靠过来让彼此难受。

知道自己，然后在自己做得到的范围内，打开迎接，这样的"有条件住宿"说明，创造了一种自由，对民宿主人与入住者都是。它让人在相处时多了更多的自在与真实。

从无菜单料理到有条件住宿，我们可以发现这是两种活出自由的可能路径。

无菜单料理谈的是打开双臂，"不设限制"地迎接各种可能；有条件住宿则是通过"说清楚自己的限制"，让自己在与人连结时仍能保有自己。这两种路径，都能撑开空间，让人活得自由，但其中运作的方式却有所不同。前者，来自对自己的信任，信任自己能面对很多的可能；后者则来自对自己的接纳，接纳自己的有所不能。两者不同，却都源自同一个重要的基础：要拥有足够的自我了解。

我的特色说明

那天，我读过了这篇民宿的"特色"后，我就想着我的工作坊，也依着他的样，画起了我的葫芦，写了一篇"锦敦工作坊"的特色说明：

1. 没有奢华风格，没有精彩绝伦。喜欢对生命实在认真的人，可以来体验看看。

2. 我自己常常采用阳光高温杀菌，也算是有自然的香气。

3. 我自己不喜欢被人工烫平，所以常有些皱，但也因为如此，我不喜欢烫平别人。

4. 关于人，这里有容器装载，有冰箱保鲜，想要把自己变得更美味，欢迎自己下厨。

5.没有噱头，没有特异功能，喜欢看连翻 20 个筋斗才过瘾的朋友请注意。

6.露天日光汤屋，很多人都没穿衣服，但有些人会穿一些，这些都好，重点是，你可以在这里好好的呼吸。

亲爱的朋友，如果你也要写一篇自己的缘起，写一篇自己的特色说明，那你会如何下笔呢？

配方

| 05 |

与自己相遇

人字拖与登山鞋

锦 敦

"怎么会来过兰屿以后，整个人就变了样？"

"当他的家人打电话过来质问我时，我真不知道该怎么回答。但想想当年我也是这样，对兰屿的一切着迷，最后才干脆跑来这里生活。"

那天晚上，民宿主人跟我说了这样的一段话，我听了后，回想起过往的经验，心想："确实，真有那样的时刻，从某个地方旅行回来，不是带回了什么，反而像是遗失了什么。"

"听说他后来连工作都没法做了，还辞去了原来很好的工作，他的家人觉得很难理解，觉得他好像失了魂似的。"民宿老板继续说着。

我点点头，若有所思，因为，明天我也要离开兰屿了。

失去了一个画面

夜里，东北季风狂吹，弄得门窗唧嘎唧嘎响了一晚。

早晨起床，整理好行李，简单地用过早餐后，该是出门到机场的时候了。我背起背包，手提着帆布行李，走出门。

"咦，我的人字拖呢？"昨晚放在门口楼梯上的鞋子不见踪影了。

老板走出来，边找边说："应该是昨天风大吹走了，我早上也捡了好几双拖鞋回来。"

我们在民宿四周的草地上寻觅，我寻到了一双，但不是我的。眼看着搭飞机的时间近了，双脚却光溜溜的，哎呀！在兰屿可以整天都不穿鞋，但上飞机这样做不太自然吧！而且穿着人字拖上飞机，是我昨天就想好的画面之一，这样我才会觉得有带走兰屿的什么。真是的，就因为掉了一双拖鞋，心里头就得失去一个画面，我不甘心。

再寻它一遍，但就是没见着。

"你先去吧！我帮你找，如果找到了，我再寄回去给你。"民宿老板的声音，跟着大大的海风一起飘忽不定地传了过来。看来，也只能如此了。我拿出了运动鞋套上，骑上了租来的摩托车，离开东清，前往机场。

掉了心爱的人字拖，一路上，心就觉得空荡荡的，很不安稳。

飞机从兰屿机场起飞，半小时后我已经在开往市区的巴士上了。方才在飞机上，气流疯狂摇晃机身所带来的惊恐，并没有替换掉心里头的空荡。怎么会这样？不就是一双拖鞋吗？

我蹙眉思索，刹时心里突然想到昨晚我们聊到的那位辞去工作的朋友："他的一双鞋，会不会也遗失在兰屿？"

登山鞋走长路

巴士从市区转入海线，我又见到海了。这时手机上传来哈克的几通信息。

"锦敦，这两天打坐了，都看见你正在行走。"

"你真的是一个能够走路、拥有故事的人。"

"我呼唤资源到来的时候，常常都会想到你的生命。"

"我很高兴有你这样的朋友，让我可以学习、想象生命更丰富的模样。"

这信息里头，哈克说出了我旅行中的一种样子。我喜欢走路旅行已经有几年了，从中横的路上、云南的茶马古道、尼泊尔的山里，到土耳其的中部峡谷，都有我整天走路的行迹。

为何要用这样的方式旅行呢？

我也很难说清楚，但当我穿起登山鞋在大自然里走长长的路，心就会来到很安静的地方。即使支撑背包的双肩是酸痛的，身体也出了一身臭汗，但心中却是十足的饱满。甚至几次走着走着泪就自然流下，心中的悸动唤出了深处的泪水。在那样的时刻，我常会谢天谢地谢生命，感觉在路上和神相遇了。

所以这几年我会着迷这种"在大自然里行走一整天"的旅行方式，我猜是因为我想活在这种状态里。

怎能不失魂？

旅行，真会呼唤出人的某种样子，或许是自由的样子，或许是勇敢的样子，或许是可以冒险的样子……旅行让人真正体验到"活"在某个样貌里。

就像是我穿起登山鞋就可以用力量走长路，我穿起人字拖就可以感到放松、活得自由，这两双鞋说着我好好活着的两个模样，都很珍贵。我猜想，很多人都是这样在旅途中遇见自己的。

如果从这里来理解那些旅行后会失魂的人，就可以有一种猜测：会不会是他们在结束旅程的同时，就得收起心爱的鞋子，甚至干脆就把鞋子遗落在了当地？若是如此，人怎能不失魂？因为，我们总是会想念那旅程中的自己。

　　亲爱的朋友，你有过难忘的旅行吗？在那旅行后，你是否有记得，把喜欢的鞋子带回家？

收起来还是**活**出来?

哈克

微凉的秋天早晨,在澳门的一家小小角落的咖啡厅里,前两天刚带完"隐喻与音乐"工作坊的我,脑海里还是昨日一群可爱热情的澳门助人工作者因触动而红了眼眶的美丽模样。在咖啡厅的沙发座位里,我打开手提电脑,正准备开始一天的书写,这时,手机传来锦敦刚写好的这篇文章。

我看着手机长方形的小屏幕,心里回荡着大大的感受。《人字拖与登山鞋》这个故事里,我最喜欢锦敦最后一段的描述:"会不会是他们在结束旅程的同时,就得收起心爱的鞋子,甚至干脆就把鞋子遗落在了当地?若是如此,人怎能不失魂?因为,我们总是会想念那旅程中的自己。"

如果收起来的，是心爱的，怎么会不失魂？

如果遗落了的，是渴望的，怎么会不失落？

如果那想念的自己，需要整个都被收起来，怎么好好呼吸、好好活着？

两种衣服，两个模样

熟悉我的朋友都知道，哈克只有两种衣服。

一种是打球运动时穿的速干衣，通常都是亮蓝色、银黑色、蓝白相间炫丽条纹的贴身设计。这种衣服，是给我在网球场上狂野奔驰用的。

衣柜里剩下的另一种，是带工作坊、做心理治疗示范时穿的宽松棉质T恤衫，有岁月痕迹的纯白色、深蓝大海浸泡的藏青色、黄沙滚滚尘土覆盖的银杏黄。这种衣服，让我在做心理治疗示范时，更能给出有温度的暖意与承接。

两种衣服，说的正好是两个我。一个猛烈青春、狂野奔驰，另一个温暖饱满、柔软愿意。两种衣服都在，两个样子都活出来，正好就是前面提到的神秘配方呢！

穿上纯白色有岁月痕迹的那件衣服，我常常能呼唤回20年来陪伴了一颗又一颗心时那个安静的内在；穿起那件深蓝大海浸泡的藏青色衣服，总让我想起自己生命中曾经发生的森林大火，因而更能感同身受眼前生命的苦痛难当；当那件黄沙滚滚的银杏黄衣服穿上了身，心里的空间会瞬间变大，像是无边无际的黄土大地，因而能眺望远方，不局限在这个时刻的卡住。认识我够久的老朋友，会在早晨遇见时，就认出我穿上了这一种衣服，然后带着期待的声音说："哎哟，今天是治疗师上身了喔——"老朋友们形容穿上这种衣服的我，像个智慧老人。

来看看另一个世界的我，每回打网球，总要多带几套替换的衣服，因为左冲右跑狂猛奔驰的我，汗水湿到速干 T 恤是可以拧出水来的。每回，换上我心爱的亮蓝色速干 T 恤，或是银黑色的速干背心，我可以感觉到心脏开始充满力道地蹦蹦跳。绑紧鞋带、束紧护腕，像黑豹一样的眼睛盯着球场的另一方，对手发球过来了，右手肌肉瞬间集结力量，猛力挥出，"梆"的一声，那是多么充满青春味道的原始力量啊！

两个我，如果一定要收起其中一个，那就不能活了，那，真的会闷死。

如果收起了亮蓝色的速干 T 恤，只活出朋友口中的那个智慧老人的模样，那么，身体的苍老与心里的负荷，说不定就会提早来到生命里。如果收起了那半柜的充满岁月智慧的棉质衣服，只是整日猛力挥击，全然地迷恋自己青春的光亮与力量，那么，这几年来写出的书、体会到的道理，都不会存在。

所以，我想，在收起什么之外，说不定还有一片新的可能。

如果有一天，你发觉了自己的某个挺喜欢的部分，但不巧的，身旁的环境不太鼓励这个部分的开展，没有办法光明正大地长出来，即使是这样，全部都收起来，实在太可惜。于是，说不定可以找个地方，长一点，活一点，然后等待契机，抽芽伸枝；如果发觉那个部分，是真实的自己的一部分，又是挺核心的，知道全部收起来真的太可惜，那就想办法活出来一点点吧！

这几年，我越来越知道，到大自然里呼吸、生火、吹凉风，对我是重要的。可是孩子还小，很难出远门到人迹罕至的深山里。怎么办？不要全部收起来，想办法，去市郊的登山步道，清早无人时，去走走路、爬爬山，活一点点。然后等待。

除了不收起来，我想到，还有一件事情可以做。

如果不收起来，那来支持什么

那天，在春水堂的座位上，大人说有件事要和我参详讨论，是关于 7 岁的黄阿赧小妹妹的跳舞课。黄阿赧小妹妹从小很爱上律动课，最近这一年又喜欢上芭蕾舞课，而最近，她有了一个新的选项，是跳 MV 舞的课。夫人这样分析着在芭蕾舞与 MV 舞之间做选择的烦恼：

"芭蕾舞，老师同学都很优雅，然后很慢很慢地教芭蕾的基本动作，学起来挺有气质。"

"然后那个 MV 舞，黄阿赧昨天去试课，她超爱一直扭一直扭，跳得好投入，然后她的幼儿园好朋友都在那个班，黄阿赧很开心。"

"老公，你给我建议一下，怎么选择比较好？"

坐在春水堂 16 号座位，这个我长时间书写与安静练习的位置上，我闭上眼睛，看着心里的女儿，我看见黄阿赧是一个体贴柔软的小女孩，她是一个很活在关系里的孩子。在心里，我看见她在前天晚上 9 点时，帮妈妈把睡房布置成舒服入睡的房间；在心里，我看见昨天下午接她下课，爸爸难得在她喊热时，买了一瓶有气泡的饮料给她喝，小女孩在便利商店露出开心得不得了的美丽表情，回到家之后，我看她拿了另一个瓶子，把刚买的气泡饮料倒了几乎一半过去，一边倒一边自言自语地说："给阿毛喝这么多，她一定超开心的！"到了傍晚要去幼儿园接妹妹的时候，她还把保冰袋拿出来，放进好多块冰敷袋，然后跟我说："这样冰冰的，阿毛会很高兴！"

我心里浮现了上头这几个画面之后，睁开眼睛准备好了要回答夫人的提问。我这样说：

"这个孩子，温柔多情，常常贴心为身旁的人着想，我们，多顾一点她的快乐好了。我想，让她快乐地跟好朋友一起扭来扭去跳 MV 舞，好不好？"

夫人一听我短短的两句话，眼眶瞬间湿了，红着双眼看着我。我好奇地问："你的眼眶红，想到什么？"

夫人这样说："你这样带着对女儿的了解，做选择，我好触动。我的眼眶红，可能也说着：'我小时候也很体贴照顾身旁的人，可是没有大人这样对我。'"

因为女儿常常想到别人，长成温柔体贴的样子，这个部分，看样子会自然地长得很茁壮。于是，她的爸爸，很想支持她的，是长出另一个部分，像是很单纯地扭来扭去，跟好朋友快乐地一同跳舞、一同哈哈笑，这个新的部分，可能正在等待抽芽的时机呢！

"多顾一点她的快乐……"

"多帮忙一些他的安静……"

"多顾一点你的瑜伽时间……"

"多帮自己获得一些大自然的呼吸……"

于是，我们不用全部收起来。如果在旅行里，发现了幽默风趣好玩的自己，不用收起来，找地方小小地活出来；如果在球场上，找到了可以大声喘气狂吼狂奔的自己，不用全部收起来，可以顾一下，帮自己活一些透气的自己。

3

清醒

人生有时候『度菇①地活，浅浅地睡』，有时候『清醒地活，熟熟地睡』。

① 度菇在闽南语里意为打瞌睡。

配方

|06|

触碰安静

山之巅，海之涯，
为何要跑那么远来找寻安静

哈克

清晨，我拉着行李箱，背起登山背包，准备出门。餐桌上，正在吃稀饭早餐的小女儿黄毛毛抬头，说："爸爸——你要去台东小鱼儿的家喔！"

我说："对啊——"

餐桌上，稀饭上铺满了看起来很好吃的肉松，7岁的大女儿黄阿赧笑笑地这样说："爸爸——你要记得在海边沙滩上写书喔！"

呵呵，好呀！

找到那个"特别喜欢"

"在海边沙滩上写书"这段对话，是这样来的，前一天……

黄阿赧："爸爸，你为什么要到海边去写书？在春水堂写不就好了吗？"这个眷恋爸爸的孩子，连我日常生活里固定打网球要出门时，也总是和5岁的妹妹一搭一唱地说："爸爸，你就在楼下公园和我们打羽毛球就好了啊，这样也是有运动啊。"

眷恋，是喜欢的延长线，我深深地收进心里。

想和彼此靠在一起，是生命里珍贵的渴望，我带着喜悦看着心爱的女儿们，这样跟我说话。

那天下午3：10，我去小学的围墙边接大女儿下课，女儿劈头第一句话就这样问我："爸爸，你为什么要到海边去写书？在春水堂写不就好了吗？"这句话，其实真的很有逻辑，也挺有道理。我骑着摩托车，歪着头想了想，然后这样真实地回答她：

"爸爸也说不清楚耶——爸爸特别喜欢坐在海边的木头椅子上，看着蓝蓝的海洋，看着大大的天空，然后静静地写书。爸爸好像……当爸爸看着深蓝又浅绿色的海，安静就特别特别多。"

女儿，到过那里，吹过清晨的海风，呼吸过傍晚从都兰山峦下来的山风。

她，在那个沙滩，抓过清晨的沙，洗过下午的暖暖海水，数过夜晚满天的星星。

她，在那个木头椅子上，看过亲爱的爸爸，专注书写的美丽模样。

因为都真的经历过，似乎，她懂得爸爸正在说的是什么。所以，停了一下子，她说："爸爸，那你可以拿着计算机，在沙滩上写书呀！"

呵呵，女儿这句话语一落，我的心里，就看见了清晰的画面：我拿着笔记本电脑，走下那个往沙滩去的木头栈道，找一个大大的漂流木，倚靠着背，赤着脚丫，踩着温温热热的沙子，眼前的天空占了 2/3，海洋与沙滩是那 1/3，而我，拥有整个天地，渺小得极其安静。

"好呀！爸爸要到沙滩上，看着大海写书。真是好点子！"七岁的女儿，听到爸爸喜欢她的提议，笑得可开心呢。

到远方，来真的

为什么？为什么要到那么远的地方？

上个月，我背起登山背包到了台湾黑熊的家，大雪山，一个人在山顶云雾里，书写到天黑。这个月，我又拉着行李，要去海洋的深蓝世界书写新书。为什么？

用一行禅师的方法："吸气，让平静进来；呼气，我正在微笑。"在红尘不也可以安静吗？为什么要大费周章，搭车再换车，租摩托车，被海风刮，为什么？我想起了前几天正在整理的笔记（这是我上吉利根博士的课时，手写的笔记，加上我自己的小体会）：

当我们停下了忙碌的思绪（busy thoughts）、停止了习惯中的自我目标（ego goals），我们就开始了一件重要的事情，这件事就叫作"先净空"。

停下来，坐下来，双手合十缓缓向上延伸，然后打开垂直管道，问自己：生命这个时刻，想要创造什么，这些事情，就是"先净空"的发端。因为"先净空"了，于是，生命的园地、生命的天空、生命的城堡，就开始有了空间，有了新选择的可能。这时候，如果能够安静地有了一个"新选择的专注点"（intention/goal），这个点，就真的成了生命能量的中心。

这个新的中心点一旦形成（要记得的是，这要在"先净空"发生之后喔！），那么，这个生命能量的中心点，就很有可能吸引潜意识的创意、特定珍贵资源的聚集，于是，生活的新可能就有机会被创造出来了。

这时候，原本正处在症状里、困难中的转折点，就有机会在弯弯曲曲看似无止境的山路中，突然，看见一片光亮，或者，像是在黄沙漫漫的沙漠中，忽然出现惊喜的绿意。

哎呀！是这个啦！对。知道自己修行不够，没有办法在繁杂的人世间安静下来，忙碌的思绪在脑海里，很难停下来，于是，承认了。承认着自己目前的限制，暂时离开这个需求、那个要求、这个期待、那个着急、这个一定、那个应该……

先承认，接下来就来行动。于是，背起登山背包，去山之巅、海之涯，让"安静"知道，有大大的天与大大的地，迎接它。让安静知道，我是来真的。让安静知道，我是真的要欢迎它、邀请它，在都兰山的山风吹向海边的呼吸里，我真心迎接安静的到来。

安静，一点都不容易，不是吗？

还好，天地，就在那里；

还好，大自然，一直没有丢掉我们。

我真心祈祷，帮助我好好地写书，我会寻找能量最好的大自然，我会写着写着就让眼睛好好休息，我会记得活出像是乐曲的节奏，在主旋律之后，来一段像休息也像低吟的间奏……我真心祈祷写出好书，让潜意识的智慧，像都兰山的美丽山峦一样，绵延千里。

走入自己的风景

锦 敦

读着哈克这极具诗意的文字，安静都走进心坎里了，彷佛山和海，都来到了跟前。人，置身在一种环境，就能活出一种样子，对我来说，这是我远行，走进山、走向海的理由。

山海，都在读着诗

我常在工作坊带这样的一个活动：

"待会我会请大家轻轻闭上眼睛，调整呼吸的节奏，透过一呼一吸让内在跟着安静下来。当你心里到达安静的地方时，就可以缓缓地打开眼睛，对着自己眼前所见的画面，好好地感受与接收。我们常在这样的时候就可以听见环境在对我们说话，有时像读一首诗，有时传递着某些信息。

"所以，当我看着窗外的大树，我会感受到生命滋长的力量，于是我知道大树正对我说着'生命力'；当我停留在墙上的一张西藏照片，看着深蓝湖水和高耸雪山时，我就接收到深邃的宁静。

"所以，待会当你接收到眼前画面带来的信息时，请在空白纸上写下你所接收到的。

"好，现在请大家轻轻闭上眼睛，调整呼吸……"

我用这样的方式，让大家练习如何用心捕捉环境的话语。在过程中，我会请成员移动三次位置，让自己置身在不同的画面里，这样成员就能清晰地发现，原来整个环境都不停地对着我们说话，默默和心灵进行交流，隐而不显但却强而有力。

读到山海的诗，我们也会报以微笑

2014 年我有两段出行的经历。

这年夏天，我背起背包到内蒙古旅行。有一天我走进一家青年旅馆，进门，几张简单的桌椅、满墙的风景照片和流动在空气中的马头琴乐曲，形成了一种独特的氛围。几位旅人正围坐着说话，一旁立放着和桌子一般高的大背包。我走过这些旅人身旁，微笑点头说："你好！"

对方回以点头微笑，说："你好，从哪里过来的？"

"我刚从海拉尔过来，你们呢？"

"我们昨天刚从漠河过来。"

"漠河，中国极北？"

"是啊！一起坐吧！"说话的同时就已挪出了一个空位。

我放下背包，坐下。这话一说就是一个半小时，已从旅途聊到家乡。

有时，人从陌生到熟悉，距离似乎没有那么远。

第二段经历发生在内蒙古旅行结束后的两个月。有一次我带领工作坊，入住一家五星级饭店，那里的大厅有着高级的家具、宽敞的空间，以及分布在各个角落的舒适沙发，那几天我常一个人在大厅里安静地坐着，完全没想到要和一旁的陌生人问好，更别说要好好说一两小时的话。这时，人要从陌生到熟悉，确实距离遥远。

为何在不同旅店里，同样的我会有两种不同的样子？我想，除了我个人的身心状态外，另一个很重要的原因就是"环境的语言"了。

青年旅馆的大厅，它说的话语是"随性与连结"，五星级饭店的大厅传递的则是"安静与不被打扰"，我在这两个地方就自然调节了自己的样子，用整个人的状态来响应，它一来我一往，如跳舞一般。

所以环境会说话，它的话语像是一把钥匙，能开启我们不同的房门，呼唤出我们不同的模样。这也就是我所说的"环境信息默默和人的心灵进行交流，隐而不显但却强而有力"。

寻找山海，就是走向资源

当我们理解环境语言对人的影响，就会知道选择或创造合适我们的环境有多么重要。这对我们要活出一种样子、过一种生活，有很大的影响，这几年我旅行做的就是这件事。

旅途中我常在大自然里走路，有时一整天，有时十几天。在这样大大的自然里走着，我常感到满足、触动，那是一种很深的喜悦。

要活出这种状态，在自家的阳台静坐并不会出现，在咖啡厅的角落里也寻不着，即使在大大的庙宇前，我也无法碰触，但我却可以在大大的山海前、长长的路途里，一次次和这样的自己相遇。

因此，这几年我常在自己生日月份安排旅行，把自己带到大自然里走路，让大山大海像母亲般围绕着我轻轻说话，好召唤出我的此般模样。当我处在这种状态时就会问自己：

"明年的生活要怎么过才是我要的？"

"接下来时间和力气用在哪里，才是值得的？"

我再把这些答案带回生活里，成为指引，帮助我在日复一日的生活里不会迷路。

对我来说，走进山海就是走向资源，帮助我活一种模样，过一种生活。

为了此般的安静模样

为何要跑那么远去找寻安静？

我想这会是我的答案："当我看着海洋，吹着她的风，听着她的浪，我就走进开阔的安静里；当我行至森林深处，呼吸冷冽空气，品尝大树清香，看着掠过树缝的阳光，喜悦的安静就会从心里透上脸庞。我正是为此般安静，来到山之巅、海之涯。"

小练习：在生活中与环境互动

阅读过此文的你，可以做这样一个小小的练习，步骤如下：

一、觉察环境的语言

先在心里头想着：

你的家（或办公室），打开门迎面而来的画面是什么？

这样的画面里都在说着什么话语？

家里（或办公室）其他不同角落又传递着什么信息？

二、理解环境语言对自己的影响

当你能解读这些信息后，就可以接着问：

这些信息对你的影响是什么？

它让你常有什么心情？什么行为？

是令你更有创意还是眉头深锁？它呼唤出你的什么样子？

你喜欢这些影响吗？如果喜欢，是因为这画面呼唤出你的什么样子？

三、为自己创造喜欢的环境画面

如果有不喜欢的，在环境画面里拿掉什么或多添加什么，会更合适你？

当你能这样在生活中与环境互动时，它就能成为资源。所以，你不一定要走向大山大海，但可以在计算机的桌面上放着孩子的照片，也可以在办公室里摆上几棵绿意盆栽，或是在客厅的一面墙上画一整棵大树，这都是呼唤自己美好状态的好方法喔！

配方

| 07 |

认真与闲散

清醒地活，熟熟地睡

哈克

那天，在礁溪温泉的那颗大石头上，我做了连续 108 天的安静练习。展开双臂，我闭着眼睛打开心，问自己："生命的这个时刻，我最想创造的，或迎接的，是什么？"

"清醒地活，熟熟地睡"这八个字，清晰的声音，在温热的泉水里冒了出来，像是地底的低语，弥漫在天地之间。安静练习，原来也可以是给自己一份带着祝福的祈求，同时像是从天而降的给自己美好的自我暗示。我继续安静地往里头走。

什么，让我清醒？什么，让我熟睡？

女儿绽放笑容的脸庞、大哭时的畅快声音，给我带着安心的清醒；每天的安静练习，让我拥有一份有纪律的清醒；几乎每天的着地书写，一个字一个字从脑海里的画面变成一篇篇文章，给我带着喜悦的清醒；一三五晚的网球场上，狂奔喘气，握拳大吼，让我有带着力量的清醒；下午傍晚整理库房的卡片书籍，那一箱一箱二三十公斤的卡片，我用自己的双手，用自己的双脚，从库房，抬到出货区，摆好，再搬，那是流下汗水的清醒。

清醒，来自动。动心、动身。

先来讲动心（using your mind）。心，只拿来烦恼，叫作烦心；心，拿来好好使用，就叫作用心。当"用心"发生的时候，就是"清醒的活"（mindfulness）发生的刹那。很有趣的是，那些特别会让你"动心"的时刻、人、事情、影片、食物，都会自动地让你清醒起来！

接下来，来看"动身"。运动，就是运用身体来动一动。运动之所以能让人清醒，是因为运动的时候，我们自然地离开了脑海里的纷杂思绪（busy thoughts），自然走出那些脑海里不太有出路的烦恼思绪回路。

你的心一旦跑回去想那些烦心的事情，你就会接不到强劲的发球、打不出令人喝彩的直线穿越球，你就无法握拳大吼，把那些尘世里的无奈、不爽一起吼出去，一起丢给无私且愿意接纳的红土场。

接到了、打着了、吼出了，所以，就通畅了。而通畅了，很自然的，熟熟地睡就悄悄地来了。

白天，让那些这样那样的清醒都来，或者像点菜一样，点几份清醒，有一点身体的，有一点动心的，就像有青菜也有鲜美的海味，都上桌，都上白天的这一桌。那么，当夜晚的精灵来到的时候，我们回想这一整天，又动了身，也动了心，深呼吸来了，知道遗憾又少了一点，于是，熟熟地睡，就有机会来到。

那天，疼爱的学生慧甄传短信给我。这个孩子从大学时代就爱参加我的工作坊，婚礼时，我和启蒙恩师都去了呢！一转眼，孩子都出生了，细腰辣妹变成了细腰辣妈。短信里，她这么说：

"我昨天产假结束上班了，孩子再过两天就满两个月，我还是一直在睡不饱的状态。可能还会继续一阵子。孩子来到生命中，虽然生活有很多改变，不那么自由了，却渐渐能看到孩子的可爱。今天逛了一圈你的博客，现在都要很久才能看一次呢！

"很喜欢你当爸爸的'高拐'，《大便转盘》和《搜集"哎呦你好棒"》两篇实在很棒！有进到心里的则是'清醒地活，熟熟地睡'这八个字。期待你写完喔！（当时这篇文章刚好写到一半，正在待续中）我现在经常是度菇地活，浅浅地睡。"

呵呵，好好看的信息呢！原来我当爸爸，是"高拐"的呢！这是闽南语说的调皮、爱玩、好笑的意思，真符合！看到"度菇地活，浅浅地睡"，我又笑了。是呀，孩子刚出生不到两个月，当妈妈又亲手照顾孩子的，哪有可能熟睡呢？"度菇"地活，度菇是闽南语打瞌睡的意思，一边打瞌睡一边努力活着，真是不简单。

于是，人生有时候"度菇地活，浅浅地睡"，有时候"清醒地活，熟熟地睡"，这样，不正好就是耕耘丰盛又允许荒芜嘛！

观光客与旅者
——让人生有不同层次的精彩

锦敦

人生——

有时候"度菇地活，浅浅地睡"，

有时候"清醒地活，熟熟地睡"，

这样，不正好就是"耕耘丰盛"又"允许荒芜"嘛！

我读了这篇文章后，会心地一笑，想着哈克，这就是他的样子——有些地方尽力认真，动身又动心，有些地方却闲散度菇，丝毫不想费力。但就是因为他拥有这两个样子，才能同时保有精彩却又平凡。因为有精彩，常让我眼睛为之一亮；因为有平凡，让我觉得他可以亲近。我喜欢哈克有这两个样子。我想，人生里，我们确实可以好好想想："在什么地方，什么时候，我们要认真地过活？又在哪里，我们可以选择安逸闲散就好？"

海派的邀约

这篇文章，我就来对应"认真与闲散"这个主题。我来说一段故事。

冬天，从自然的律动来看本该是休息的时节了，但 2014 年的冬天，我和大多数的城市人一样，并没有随着加厚的衣服而迟缓脚步，反而更加卖力地工作着，因此，累积出的疲惫一直无法消散。还好，我还能就近到澄清湖慢跑，靠着投身于自然才能勉强撑住身心。

有天，体力指数在及格边缘的我，正在阳台调息静心，准备着待会的督导课程，此时接到了哈克的电话。

"喂，你在哪里？"我问。

"我正在高铁上，要去台东海边三天。"他在电话那头说着。

"吼！那么好。"

"那你来呀！"

"怎么可能，你自己好好地玩。"

挂上电话，对话已结束，我却开始问自己："真的不可能吗？"

唉！我们人生有时候就是会被这种人搞乱。讲了那通电话后，我的思绪早已无法安静，哈克"海派"的邀约已经扰乱了我对这几天原本的想象。脑海中不断跳出海洋的画面，想到蓝蓝的海，一阵阵的风，还可以跟朋友一起说话，这时在我的心里，花儿真是朵朵地开。

我观察自己的反应，知道身心正清楚地告诉我："大海，是我现在需要的，只要到海边就会有照顾。"循着这美好想象的小径走去，我的脑袋就开始运筹帷幄，快速运算出成行的可能。我把原本计划的事，东挪西敲，硬是找出了两天可以待在海边的时间。

行程可能性出现后，我就拿起电话拨给太太："七辣（闽南语'女朋友'的昵称）！明天我想到海边嘞……"

我那可爱的太太，当然知道我这几个月要死不活的状态，因此她听完后，只说："只要不要回来后更累就好，想去就去啊！"

那么好——太太爽快地响应，害我差点哭倒在电话前，真是福气，有个这么爱我的太太。我一直知道"给我空间"是她照顾我的方式之一。

10分钟后，我打电话给哈克，说："我票订好了，房间也处理好了，明天就到。"

在海边的两天，我和哈克吹海风、生营火、谈写作，两天下来我常常处在喜悦感激的状态，在心里至少对自己说了20次的"哇！真的好开心、好开心啊"，心中的快乐就这么顺畅地被大自然邀请出来。

互不相让的内在对白

两天后，我在回程的火车上，心里满满的，感觉像是休息了一整个星期。这不是第一次了，这几次到海边，吹过风、踩过沙、听过浪，晚上再生火看星斗，身心就会自动展开修复模式，常常一两天后，整个人就很不一样。所以在火车上的我，认真地想：

"是不是要到海边生活了？"

"不行，不行，太太的工作难以变动。会这样想，一定是被哈克影响的，这半年来他老是跟我说要在海边买一块地移居。"

"还是有可能吧！我的工作形态，或许可以在海边住半个月，城里住半个月，这样好像也是可行的吧！"

"痴人说梦，哪有人这样搞的，不要让太太觉得，让你休息两天，就想要十天半月的，这样太太会承担太多吧！"

"那就把孩子接过来照顾就好啊！在海边长大也是很健康的吧！"

"你疯啦！让太太一个人在城里？有没有搞错，而且孩子会想跟你离开城里吗？"

就这样，一路上"可能"与"不可能"两个声音在我脑海里大声嚷嚷，一来一往，互不相让。

戏里的对白，还是继续上演着，但"可能"的声音，开始独占舞台。

"但如果这对我的身心健康这么重要的话，真的可以考虑吧！太太也希望我健康地活久一点吧！

"所以，这肯定是有可能的，如果我到海边后，本来在城里要吃的胃药都不用吃了，如果我因此会过得更健康，那关于孩子的照顾就可以思考如何安排资源进来，这应该是可行的吧！而且我还是有一半的时间可以在家啊！

"再者，当我和太太有点距离时，我们常会更珍惜彼此相处的时光，摩擦反而会变得更少，关系质量会更好呢！"

"可能"的声音这时突然占了上风，一面倒的变大，"反对"的声音开始被我搁置忽略。当我越想越多，越想越美，春秋大梦似乎正大有可为时，心里却清清楚楚地跳出另一个声音，用很大很大的声音说：

"不要，我不要为了让自己安静、休养，而牺牲跟太太、孩子一起生活的平凡记忆。"

这个声音一出来，很明显的，其他声音瞬间都安静下来，不再说话。我眼眶湿红，心里说着："是的！我想要和家人一起经历'平凡生活'这件事。'想要和家人一起'这是我成家时所渴望的，就算是平凡无奇或偶有争吵，我也想要经历、把它记得。离开他们，自己过生活，我就没有这些了。"

对我来说，这个渴望也是我生命这个阶段里很重要的选择。我要自由，但我要在自由里爱我的家人。

观光客与旅者

这渴望让我想起 2014 年初秋和好友祺堂、哈克一起开的"食客、旅者与赌徒"工作坊。在工作坊里，我用"观光客和旅者"当作生命隐喻来分享一些观点。我说：

"当时间有限，无法停留太久；当力气有限，无法一步一行，却又想参与精彩的世界时，我就会选择当一名观光客，跟着团，让别人带我到达美好的世界。当观光客，让我的人生在不太费力的状态下，仍有许多的精彩可以进来。因此当一名观光客一点也不差劲儿，也是很不错的选择。"

在这里，我已把"观光客"当成一个隐喻来观看我们的生活方式。我在工作坊里继续说着：

"以美食来说，我喜欢美食，但若要为美食排队 30 分钟，

'No！'若要在旅行途中为了寻找某一家传说中的美食而需要东绕西找，'No, No, No！'我喜欢吃美食，但就是不愿太费力气。当然在这种心态之下，我能享用美食的概率会大打折扣，不过幸运地是，我的太太热爱美食；我的好友哈克，偏爱美食；另一位好友祺堂，更是痴爱美食。这几年他们都是我的'美食导游'，我只要跟在这些人的旁边'团购'，美食就自动进到我的生活里。所以，对于美食来说，我算是个'观光客'，我靠着'跟团'才得以领略精彩的美食世界。"

那什么是旅者呢？那天我在讲义中这样写道：

"愿意投入时间，愿意放进力气，没有要跳过过程而直达精彩。那是一种希望尝到努力、不熟悉、不确定、慌张、孤独、想办法、创意、快乐、理解的旅行选择。旅者是透过经历这些'过程'来接触精彩，开创生命的可能。所以对旅者来说，过程的风雨和美好的景色要一起加进来，才算是'完整的好料'。"

若把"旅者"当成一种生命隐喻来看，我那位常不远千里寻找美食，也喜爱自己动手尝试创意料理的太太，就是一位地道的"美食旅者"了。

用观光客和旅者这两个隐喻来看我们的人生选择，就会变得很有趣。

我们因为力气、时间与资源有限，无法在所有的地方都当"旅者"，所以这时候思考"力气要放在哪里"就是很重要的关键。

我想，一个人若想活出属于自己的生活，就要懂得人生里，在哪些地方要用简单省力的方式碰触精彩，当一个观光客就好；在什么地方则要把气力专注起来，鼓起热情，没有投机取巧地奋力投入，好享受那当中的一呼一吸。

行文至此，回头观看"我想住海边"的故事，就可以看见我那"想要和家人一起经验生活"的决定，就是选择要当一个"在家旅者"的决定。我要在踏实的脚步里，感受亲密关系和养儿育女的人生旅程。

这是我的故事，我的选择，这将会累积出我的人生。亲爱的朋友，那关于你自己呢？在你的人生里，你想在哪里当一位旅者，尽情地活？想在哪里当个观光客，不再苛求自己，用闲散省力的方式走过就好？而哪些地方，真的不值得再多花你一丝丝的力气前往了？

4

陪伴

我会是风，我会是山，我会是树。

配方

|08|

关于陪伴

兄弟登山，各自努力

哈克

不知道怎么办的时候，为他放首歌吧！

有几年的时间，我很爱唱一首歌。工作坊前唱，研习班上我也唱，新书分享会时，总有朋友会点这首歌要我先唱，然后再分享书。

这首歌，有一种说不出的哀愁里的温暖。有时候，陪伴历尽沧桑的朋友，陪到不知道要说些什么才好的时候，我总会把手机接上喇叭，然后轻声地说："放首歌给你听，好吗？"有时候我会想，一首歌，一个故事，一个拥抱，一个眼神，如果带着懂又带着爱，说不定，就会有机会让正受着苦的灵魂，原本灰灰黑黑的孤单，因为有人陪着而没有那么难以承受。

有伤的孩子，特别懂别人身上的伤

来说说一个年轻的朋友，小山。

小山，和很多我在心理治疗场域里遇见的孩子一样，带着心里的伤，奋力地爬着又弯又陡的山路；同时，这个带着伤的孩子，不知道哪里来的力气，用着脚底的力气，有点朴拙却又集结着心力走着极其真实的路——她在 5 月登合欢山看杜鹃，她用了长长的日月，分段完成徒步旅行，她在南南北北的工作坊里，跟随着她信任的老师们，打开心、打开身体，感受被陪伴，也学习陪伴人。

有伤的孩子，特别懂别人身上的伤。

那一夜，才在工作坊里遇过小山两次的朋友小美，夜半情绪喷发，身体发抖停不下来，紧急地打了电话向小山求救。下面的真实对话，是在小美的同意之下，小山整理给我的。谢谢小山与小美的信任，愿意让我在这里改写分享。

那一个难忘的夜

那一年的 12 月 30 日，跨年前一天，电话那头，小美大哭着。

小山着急地问："怎么了？"

小美继续大哭，小山问了几次才听清楚小美说着："你安静听我哭就好。"

小山说："好。"

小美继续大哭。

小山有点被吓到，不知所措。一会儿之后，小山在电话的这一头，开始跟着电话另一头的小美掉眼泪，心疼的眼泪。

陪着伤痛的心掉眼泪，即使一句话也没有说，因为带着心疼的心情，常常已经是最珍贵的陪伴了。

小美，一直哭一直哭，大哭着，感觉上是从很内心的地方哭出声音来。

小山，掉着泪，深呼吸着，小山在心里想着小美的模样，在心里说着："哭吧，哭吧，为你自己好好地哭一场吧。"如此安静又同在的一段时间之后，小山说："我刚刚写了一小段话要给你，你要现在听吗？"

小美说："好。"

小山念给小美听："亲爱的心里的小小孩，谢谢你的信任！我听到你为自己，有力地发着声。你用自己的力量，一路走，走到这个可以让你安心的地方来了。真的辛苦了，真的是……辛苦了，在这里，就安心地为自己发声吧。我们陪你，我们，陪着

你！"（小山一边念一边掉着泪）

小美听小山念着，开始边哭边说着："我认回了那个很孤单的小女孩。"然后，继续放声大哭。

小山想起了一首歌，然后在电话里跟着唱着："亲爱的小美，静静地睡吧，好好地睡吧，好好地、舒服地睡一场。"

那个夜晚，忘了最后是怎么结束的。最后小山和小美互相说了晚安，而用尽全力陪伴之后，小山只感觉到全身虚脱。

那个夜晚，好几个人都挂心着小美，包括我在内。有时候会觉得，即使找不到什么解决困难的办法，这个世界上如果有人挂心，似乎，就有了一份连结，而当连结存在的时候，即使只是一丝丝，这时候，孤单似乎就没有那么肆无忌惮地摧毁一颗心。有人挂心有人心疼，像是冬夜里的炉火，并没有让冬天的冰雪风暴过去，同时，让"撑过去"在这个冬夜有了可以发生的温度。

没有被摧毁后的第二天清晨

漫长的一夜过去了，隔天，正好是这一年的最后一天。清晨，小美传来了这样一段惊喜的话语。小美这样写着：

"原来，真正的勇者，是可以展现脆弱的。

"原来，没有力量的力量，是真正的力量。

"原来，没有笑，却是打从心底笑出来。

"原来，生命的形状，拥有的跟缺少的，是相同的名字。我翻越的是心中的一座山，荒野一匹狼，回到山林了。小山，谢谢我自己，找到了你，亲爱的小山，这漫长又快速的一晚，一个人却没感到孤单，真好，我又多了一位心灵地图的家人。"

小山："小美，才看到你写的第一句，'原来，真正的勇者，是可以展现脆弱的'，我就掉泪了。谢谢你，好有力道的文字，谢谢你，翻山越岭地走来了。"

又隔一天，正好是新的一年的第一天，小美一早传了信息来说谢谢。安静又带着力量的小山，这样回：

"经过那一晚，我也有了新的看见和收获。我不是领路人，是和你一起走了一段路，我的登山老师说：'兄弟登山，各自努力。'如果，生命的同行伙伴能对彼此信任，即使需要自己努力地走，也可以走得安心。"

一年多之后，整理着这份珍贵的文稿，我依然心里触动。

一个痛哭得无法自已的孩子，一个带着伤又认得伤的孩子，带了接地的力量奋力陪伴，陪着掉眼泪，一起深呼吸，然后唱一首歌，让眼前到来的朋友不那么孤单。生命里，我实在是找不到什么其他更美的画面与故事了。我心里想着，会不会，当伤痛到来的时候，我们可以有努力，有陪伴，有挂心，有相信，有心疼，有鼓励，有迎接，然后，兄弟登山，各自努力。

几年之后的暖流

几年之后，正在整理与锦敦一起写的这本书的文稿时，很惊喜地收到小美的信息。这篇文章，就用小美的这段话语作收尾：

以前觉得，一曲旋律，一段歌词，就只是情绪抒发的出口。走路时，骑车时，洗澡时，随着心情起伏，时而哼唱，时而低吟，或则激昂鸣放。从没想过，歌曲可以带给人饱满力量的陪伴，直到我自己深深地体验。

有一晚，情绪如巨浪般来得又急又快，痛苦又害怕的我不知如何是好，有位朋友在电话中放了一首歌，像是从南方吹拂来的一股暖风，轻柔柔却又满载着力量，如同朋友的耳语，陪伴我度过了那漫长的一晚。过了那一晚，我知道，我很幸福地，多了位住在心上的心灵家人。

让我触动的是，这样对我很重要的一首歌，在一年多后，换我送给一位受了伤的朋友，而这次，我是整个人都陪在她身旁。一整晚，歌曲喃喃萦绕着，伴着她放松一度紧缩的喉咙，哀愁的雪花从焚烧的眼眶落下，凝结片刻，直至鼻息缓缓平稳，直至眼眸沉沉合上。那一刻，我祈愿，深深的祈愿，在有机会用心陪伴的时刻，放首歌，让曾注入到我身上的暖流，带着温度，传递出去。

燃起一夜不灭之火

锦敦

读了哈克这篇《兄弟登山，各自努力》的文章后，我脑海里就浮现 2012 年初秋的某个深夜，老朋友小芬打电话把我从床上唤醒，跟我求助的一段对话：

"锦敦，小羽哭得很厉害，她一直哭、一直哭，哭得像一个孩子一样，话都说不清楚了。她这样哭了 3 小时，我只能拿着听筒听她说、听她哭，后来连我也跟着哭起来了。我很笨，都不知道怎么帮她。"电话的那头，小芬说着说着又哽咽了起来。

那天，我问了对方的状况和相关信息后，告诉小芬说："从这些情况听起来，她应该没有立即需要担心的危险，刚刚你已经做了最重要的事，对一个情绪低落慌张的人，这已经是很重要的陪伴了。"

那晚，我挂上电话，看手表已是凌晨两点。我心思澎湃不已，被这位朋友所做的事，深深地触动。

你从苦难和黑暗中来

这让我想起奇幻小说《地海巫师》里的一段情节，我记得是这样：

巫师格得被黑影追逐几近丧命后，决定转身面对黑影，但此时黑影却开始遁逃。格得在广阔的海上和众岛屿间一次又一次的追捕，劳累又虚弱。

追逐路上的格得，内在孤寂空虚，几次在众岛屿的村镇休憩落脚，盼借着人群能把孤单抛在海上。但仍在黑暗里挣扎的人，难以受到欢迎，格得到了村落，即便是巫师，仍被村民委婉地驱逐。在少了善意的人群里，孤单反而扩散得更快，而且转为悲伤。

某天，格得在岛屿的街上独行，却偶遇了多年不见的挚友——巫师维奇，两人相拥。

"我真的好高兴见到你。"格得说。

维奇听出格得的声音不只有高兴而已，他没放开格得的肩膀，用真言对格得说："你从苦难和黑暗中来，但我真欢喜你到来。"

阅读到维奇的话语，我深深吸了一口气。这本书翻译得真好，跟着书页翻展，我似乎也和格得一起走到了山穷水尽，内在酸楚孤独，因此我一听到维奇的话语，就感受到那强大的抚慰力量。

若冷风吹袭

关于陪伴身处暗夜之人，还有一个多年前读过的故事，故事里温暖的气息一直留在心里。印象中的故事内容大概是这样的：

胡珊是个性格笃实的工人，勤奋地替老板工作了好几年，工作的份量常常远超过他该做的，老板看在心里，暗暗窃喜。

某年的冬天，胡珊因为家里的变故，急需要一笔钱渡过难关。思考了很久的胡珊，终于提起勇气向老板开口：

"我敬爱的老板，我因家遭横祸，急需三个金币让我们这一家安度这个冬天，所以想向您借贷，并请您允许我用接下来几年的时间，加倍地努力工作，慢慢偿还您。"

老板听了以后，内在筹思，想着如何让这个勤奋的工人可以留在身边更久。老板安静了一会后，说：

"这可是一笔不少的钱，不过看在你平时勤奋的表现，我跟你下一个赌注：如果三天后的晚上，你可以独自一人在雅拉山头度过一晚，安然返回，我将多赠与你五个金币；但倘若你半途放弃，那么，在未来的日子里，你将要无偿地为我工作。"

没有其他选择的胡珊，应允了老板，虽然他知道在寒冷的冬夜，常人绝对无法独自在山头度过一晚。而满是心机的老板，心中则暗暗窃喜，他知道他将要获得一位笃实工人的终身奉献。

胡珊当天下了工，心中十分忐忑，在如此冷冽的寒冬，如何能在山头上安度一晚？

胡珊，决定去找最好的朋友拉兹，告诉他家中遭遇的危难，和他要投入的这场赌局。

他问拉兹："不知道哪个危险才是真正的险境。我加入这个赌局，是否太愚蠢了？"

拉兹思索了一下说："好朋友，我没有金币能助你渡过难关，但三天后的晚上，我将在你对面的另一个山头，为你燃起一把友谊之火，我会让这火光整晚不熄。你看到这火光，就会想起我们的友谊；这温暖，将陪你度过这一晚。等你拿到金币后来找我，我将要求适当的回报。"

三天后的夜晚，胡珊上了山头。

雅拉山头上，一如每个冬夜，冷风呼呼，吹啸整个山头，几乎可以熄灭任何光亮，吞噬任何灵魂。

另一个山头上，一如拉兹的承诺，一堆熊熊的友谊之火，燃烧整晚，光影和温暖，没有一刻熄灭。

胡珊，度过了那晚，也从懊恼的老板手中取得了金币。他带着金币，依约去找拉兹。

"亲爱的朋友，我回来了，也带了金币。我该用多少金币来回报你？"

拉兹说："我不要你任何金币，但倘若有天我也置身黑暗凛冽之中，遭冷风无情吹袭，我要你答应我，你也会为我燃起一把友谊之火，陪我度过这样的夜晚。"

燃起一夜不灭之火

从哈克的文章到这两个故事，都碰到我心里同样的位置。

多年前的某个夜晚，心里难受到几乎无法承担的我，生平第一次感受到"无法度过这个夜晚"的害怕。在那样的深夜，我拿起电话拨给一位朋友，半小时后我要挂上电话时，那位朋友在远远的那头说：

"若需要就打电话给我，即便是三更半夜。今晚我不关手机。"

那一夜，我撑过去了，并没有在深夜里打电话给这位朋友。

没有高深的助人技巧，那天他也没有办法真的帮我担起任何的寒冷与黑暗，但他的话语，就有如在另一个山头，为我燃起一夜不灭之火，让我在凛冽的刺骨寒风中，留住气息。

我心里知道，要为他人燃起一夜不灭之火，要为来自黑暗与困苦之人，张开双臂说声"真欢喜你来到"，那有多么不容易！因为我们的力气真的有限，所以在生命里，我们只能够如此对待少少的几个人。

对我来说，收到这样的情谊，非常珍惜。

多年后的今天，我借这篇文章来向这位友人以及许多曾如此陪伴受困灵魂的人们，鞠躬行礼。

配方

| 09 |

留给孩子的礼物

永远不分离

锦敦

　　这是女儿小蔓 8 岁时写下的纸条，我发现时，它被放置在桌上的一个小小角落。我猜想，这应该是小蔓写给自己看的心情随写，所以写好后并没有像以前一样，主动拿来和我们分享。

　　那天，我看着那重复写了好几遍的"永 yuǎn 不分 lí"的小小字迹，心里很有感觉，知道 8 岁的女儿感受到爱的同时，小小心灵也已经开始理解分离这件事。"希望分离永远不要到来，好能把这样的爱保留住"，这是小蔓心中一说再说的渴望。

　　这是孩子对情分的珍惜，我很触动，但也想着，这也真是孩子说的话，人，哪能永远不分离啊！

分离的想念，带来相聚

2014 年夏天，我和哈克一起到花莲开《陪一颗心长大》的新书分享会。分享会结束后，我特地去太鲁阁口的牧师家住了三天。

牧师一家人，是我认识多年的朋友，特别是牧师和师母，都是六七十岁的太鲁阁族长辈，良善、风趣又有智慧。这十几年来，我受他们的照顾很多，因为这样的情感，所以每次到花莲，就会特意过来看看他们。

这次前来，离上次见面已是两年了，心里很多想念。我们一见面，就热络地聊着彼此最近的生活，在聊天的当下，一个画面吸引着我：

客厅的茶几上
铺着一张太鲁阁族图腾的织布
织布上摆放着我送他们的新书
还有一盘当天从田里摘回的火龙果切盘

这真是很有意思的画面：织布，是师母传承自部落的美丽手艺；火龙果，是牧师田里生产的作物；书，则是我坐在计算机前历经几个月的耕耘结果。这三种截然不同的产品皆出于我们之手，竟能在这个空间里相互分享，这里头交织出的情感，真是浓又好看。

待在牧师家的三天里，师母，依旧常守在裁缝机前，打着聚光的小灯，戴上老花眼镜，专注地裁缝有着部落图腾的衣服。牧师，依旧喜欢整天在田里，木瓜、番石榴、洛神花、火龙果，垦地、修篱笆，常弄得整身泥土味和汗味回来。

每次来找他们，很喜欢看着他们这般的生活模样，很安静，很踏实。那天，我提醒自己，要更常来看他们，说真的，我不知道还可以这样看他们几年。

对于人生命的有限，既然不能像小蔓一样孩子气地说着永远不分离，那我所能做的，就是提醒自己要多加珍惜。

留下的礼物

待在牧师家的最后一天早上，牧师问我说：

"锦敦，要不要去看看我的香蕉孩子？"

我笑着点头说：

"好啊！"

在一块河床旁的野地，在杂生的野草林木间，牧师硬是辟出了一条小径。沿着小径他种了将近五十棵的香蕉树，有着许多不同的蕉种，那是牧师的私房香蕉园。

牧师像导览员一样对我介绍着："这是玫瑰蕉、芭蕉，这是山蕉……"

我指着其中一种我常吃的香蕉问："那这个呢？我常吃，却不知道它确定的名字。"

牧师很快地回答说："喔，这个叫作——一般香蕉。"

听牧师这么回答，我噗嗤笑了出来。一般香蕉，真是好容易理解的名字。

我接着问："香蕉，好照顾吗？"

牧师："好，很好照顾，但就怕台风，风一大，很多香蕉就睡觉，起不来了。"

我哈哈大笑，原来香蕉最怕睡着。

牧师带我走了二十几分钟后，说："这里连我太太都没来看过。"

我知道牧师心里很开心，我能和他一起来看看他这些香蕉孩子。这段路，所到之处蚊虫纷飞，杂草高长，在这里走，身体说不上舒服，我想，我在牧师心目中应该具有某种"不怕难受"的资格，他才愿意领我走进这里。我见年近七十的牧师，到了野地，说起了自己的农作，发亮的眼神，真是好看。

牧师和我就这样边走边聊，我们从农作聊到了打猎，从学习打猎的经验聊到了牧师的父亲。

牧师说："我的父亲很严格，我们孩子都怕他。但是他过世前告诉我：'孩子，以后打猎遇到危险的时候，不要怕，就喊我的名字，我如果可以，一定会下来帮忙'，我听到父亲这样讲，心里很安慰，觉得和父亲很亲近。"

在满是草丛大树的野地里，听着 70 岁的牧师这样说着，心里暖暖的，很触动。心想，一个父亲，能留这样的礼物在孩子的心上，一直到七十几岁都还能记得。虽说是离开，却也是留下。

和孩子谈死亡

在牧师那里让我学了一课：面对分离，我们能做的除了珍惜以外，还能留下礼物。

从花莲回来的两个月后，我到澳门带两天的"儿童叙事治疗"工作坊。工作坊一结束，太太就带着女儿过来澳门，我们一起在澳门玩耍了三天。

澳门，是个很特别的地方，有充满着人文历史的大三巴、新马路等区域，也有充满享乐奢华风格的赌场区域。这些都相当著名，但我们在澳门的三天里，最喜欢的却是路环地区的自然景致。

路环地区，从竹湾、龙爪角公园到黑沙滩一路，这里依山傍海，几乎没有观光人潮。特别是龙爪角的花岗石海岸，那段路，美丽得让女儿小蔓心情雀跃。她在海边大大的花岗岩石间上上下下地爬，直说她好喜欢这里。后来，她还在海边找了一处花岗石平台，邀我们一起在这里躺着睡午觉。那天下午，我们三人听着海浪，在露天的石头上度过了一个美好的午休时光。

我真的很喜欢一家人在自然中如此地安静、快乐，这样的时光，幸福的记忆是会凝结的。

午休后，走过龙爪角滨海小径，到了有长长沙岸的黑沙滩，小蔓两只瘦瘦小小的脚不断跳踩着沙和浪的交界之处，一路上和海浪玩耍。我看到孩子快乐的样子，心里满是幸福，内在有着饱和情感的我，此时，喊了小蔓过来，微笑着对她说：

"小蔓，如果有一天我死了，不在你身边，想念我的时候你就可以到像这样的大自然里，我就会在那里。"

小蔓听我这么说，就一脸疑惑地问我："你死了怎么会在大自然里呢？"

我："因为我们就是大自然，我们都是从大自然来的，而且爸爸这么喜欢大自然，死了当然也还是想跑到大自然里快乐。"

小蔓想一想，说："对哦，我们都是从猩猩变来的，所以都是从大自然来的。"然后就哈哈笑地又跑去踏浪。

对于分离，我一直有着自己的想法。因为父亲这几年的身体常在生死攸关之处，所以对我来说，分离是一直在生活里的，我无法漠视它，但我心里有个决定：我不被它淹没，但要好好准备，让它成为可以自然存在生活中的事。所以在我没有被死亡恐惧干扰的情况下，我常会试着和孩子谈论死亡与分离这件事①。

我会是风，我会是山，我会是树

那天，小蔓下午的快乐一直延续着。

晚上六点半，小蔓已经泡在饭店的浴缸里，头戴着浴帽，又是一副怡然自得的样子。我在一旁看着这孩子愉快享受的样子，真像是一幅极美丽的图画。心想：人把自己活得好，对别人真是很大的礼物。

我带着饱满的幸福对孩子说：

"小蔓，我们就这样一直带你玩，玩到你上大学好不好？"

小蔓："不要，我要更久——"

我："那这样，我们现在带你玩，等到我们老了，你长大了，换你带我们玩。我们这样一直玩，玩到我死掉，好不好？"

太太在一旁听着也笑着说："对，一路玩到挂。"

小蔓："不要，我不要你们死掉。"

---

① 补充说明一下"与孩子谈死亡"这件事。在我的经验里，在快乐、爱和陪伴都在场的时候，和孩子谈一些死亡与分离的主题，其实是个不错的时机。因为在这种状态下，我们就不会那么自动地把死亡和孤单、害怕、忌讳、恐惧紧紧地扣在一起。如果我们可以自然快乐地和孩子谈论出生和相聚，我想也可以如此和孩子谈论死亡与离去。

我哈哈大笑说:"大家都会死掉的,但是我如果是玩到死掉,我会很高兴的。"

从这里我再接上当天在海边和小蔓的对话:

"小蔓,如果我死了,你要记得,可以到大自然找我。我会是海,我会是风,我会是山,我会是树,我会是云。然后,你会记得爸爸爱你。"

小蔓笑着点点头,说:"嗯,但我不要你死掉。"

"哈哈!我们都会死的,但如果有一天我们都死了,就会一起成为大自然,然后我们会继续在一起的。"

那天和小蔓的对话,在这里结束,气氛一点也不悲伤,却带着些许诗意。

这样的永远不分离

一行禅师认为,人,是不会真正分离的。

从心理和灵性的角度来看,我也是这样想的:如果我们能确认某种连结的管道是畅通的,我们就不会真正的分离。

希望有一天小蔓可以在海浪、在山岚、在鲜甜的空气里,持续感受到我和太太的爱。就像牧师的父亲一样,把礼物留在孩子的心里。若是这样,我们就真的可以"永 yuǎn 不分 lí"了。

离开之前，留什么给孩子？

哈克

2014 年的 10 月，跟夫人请假，来到海边的民宿，安静、看海、书写、做木工。第一个夜，在海滩上生起了漂流木的营火。点火，生火，火苗手脚很快，不到 3 分钟，火已经起了，红色、橘色、黄色光芒的火焰，在黑黑的夜里，特别晶莹剔透。畅快地燃烧两小时之后，盛大的火焰退去了，火苗开始慢慢熄灭，原本层层架架堆起的燃烧木条，变成了平摊着深红色光芒的炭渣。海浪声远远近近，潮浪时而像在月光下的远处，时而又像快亲到我没穿鞋的脚丫子。

在火焰变成炭渣之前

我蹲在一旁，依然温热的深红色炭渣还让我舍不得离开。我看着炭渣的红色在夜里像是活生生的生命一样，这里闪闪那里动动，深红色逐渐少了，熄灭之后的黑色炭渣逐渐多了起来，慢慢地在安静的夜里，这盆火，即将离去。蹲在一旁一直舍不得的我，不禁想着："真像，真像生命。"

闪黄色的火焰，是年轻的烈。
橘红色的火焰，是成年的盛。
纯红色的火焰，是中年的间奏。
暗红色的炭渣，是老年的等待。

那个夜晚，用海水浇熄了最后的温热，离开沙滩回到房间，收到锦敦用电子邮件寄来他书写的这篇珍贵的文字作品：《永远不分离》。

我在民宿的床上，边看边笑又边流泪，触动极了。我特别有感觉的是锦敦说的牧师的故事："他过世前告诉我：'孩子，以后打猎遇到危险的时候，不要怕，就喊我的名字，我如果可以，一定会下来帮忙'，我听到父亲这样讲，心里就很安慰，觉得和父亲很亲近。"

哎呦喂呀！这样一句临终前的话语，竟然就把两颗心好好地连了起来。可以和天上的爸爸这样继续连结，真是神奇又美好。

夜里，十点多了，我马上回信给锦敦说，我很喜欢这篇文章，有灵感时，要来好好地对文章（我们都用"对文章"来形容我们类似交换日记的书写方式）。

在海边的第三天清晨，我在露台看着蓝色大海书写时，这样问自己：

"如果有一天，走到了暗红色的炭渣，即将离开人世间，什么，会是我最想留给孩子的？"

"有一天如果走了，之后的岁月，什么连结，是孩子可以和我继续拥有的？"

从爷爷的故事说起

我的姑姑，讲过一个爷爷的故事。爷爷在苗栗的小村落乌眉开杂货店，乡下人嫁女儿的时候，要准备龙眼干，所以爷爷都会在进货之后，把怕潮的龙眼干放在高高的橱子最上面第一格，印象中记得第二格是一样也怕潮的年节鞭炮。

姑姑说，小时候没什么零食，甜甜的龙眼干是孩子单单闻到香味就会流口水的。所以，她和哥哥们（也就是我的爸爸叔叔们），小小的身体就会叠罗汉攀登到橱子的最高处，一次拿几颗龙眼干分享甜甜的美味！

有一回，邻近的乡亲要嫁女儿，兴冲冲地来杂货店买龙眼干，亲爱的爷爷拿着凳子，登高，准备要拿老早就储备好了的货品给客人。这时候，姑姑和她的兄弟姐妹们一群"共犯"，全部都绷着，糟糕！糟糕！

爷爷用手在鞭炮的上一格摸来摸去，什么都没摸着。他拿来更高的梯子，爬上去，一看——空的。

"哈哈哈——"爷爷大笑三声，转头用客家话跟客人说："不好意思，刚好卖完，马上帮你叫货，明天傍晚就有了。"

这个故事，姑姑讲的时候，我的爷爷已经89岁了。姑姑转头问她的爸爸："爸，你那时候怎么没有生气？"

爷爷用很好听的客家话这样回答："呵呵，做生意的人，如果连让孩子吃龙眼干都吃不起，算什么生意人！"

这么大器地、慷慨给，开心地、快乐地、完整地给，是爷爷留给他的孩子的礼物。而我，爷爷的孙子，在这样的故事和情感里，可能因为这样，我的血脉里，满满地接收到了这个故事，还有故事后头大又宽广的一颗心！

留什么给孩子好呢?

前几天,去幼儿园接黄毛毛下课。刚上完轮滑课的黄毛毛,一上摩托车就跟我说:"爸爸,你下次早一点来接我,好不好?"

我:"好啊,你是要在滑轮滑的时候,就想要爸爸在旁边看你,是吗?"

阿毛:"不是,是我从二楼教室要下来上轮滑课之前,你就来接我。"

我:"喔?可是你不是要滑轮滑吗?"

"我要爸爸直接把我接回家!"小妹妹嘴角向下,情绪上来了。

"这样喔——阿毛,你轮滑课怎么了?"我带着好奇与关爱问着。

"呜呜呜呜——我一直往后滑,一直摔屁股,一直摔屁股……呜呜呜呜……"阿毛哭了。

我停下摩托车,抱起小女儿坐在我的左边大腿上,拥着她小小的身体,轻声地说:"阿毛,你摔屁股很痛,所以不想滑轮滑了,是吗?"

小女孩用力地点点头,在爸爸的怀里。

回到家,我和夫人讨论,才知道,小朋友刚学轮滑时,会把最后一个轮子绑起来不动，这样刚学习的时候才不会一直摔跤。而阿毛的轮滑鞋是借来的，那个绑起来的地方早已经松了。哎呀，原来是这样。那个夜晚，我打网球回到家里，坐在客厅的地板上，两个女儿看着爸爸这里忙忙、那里忙忙，把厨房的锡箔纸一点点、一点点地塞进最后一个轮子的细缝里，塞满压实，再用胶带牢牢地绑好。阿毛，开心地拿着爸爸修好的初学者轮滑鞋，在地板上比划、移动着。我知道，下星期又到了轮滑课的练习活动时，这孩子，会期待。

如果留下这样的对孩子的"懂"，我会安心很多。把眼光和心力停留在孩子困难的时刻，好好地懂一个孩子的挣扎、难处、不知如何是好，真心地去懂去理解，这会是我很想留给孩子的。

和孩子"一起"，在客厅的地板上，制作全新的初学者直排轮鞋，一起讨论阿毛许愿的信箱小木屋的门要怎么做，大手小手一起锁上小木屋的门把。

"懂"＋"一起"，是我好想留给孩子的。

于是，她们的人生，说不定会因为记得有爸爸的这份"一起"与"停留"的懂，而真的能懂身旁的人，也真的能够相互依偎、一起取暖。

生起漂流木的火堆，爸爸就在了

　　三天的海边书写一下子就要结束了，准备离开时，我想起刚过的暑假，就在这个沙滩，我第一次和女儿一起生起了营火，那个晚上，红彤彤的火焰映照在女儿红通通的脸庞。女儿们跟我说，那次的暑假长途旅行里，她们最想念的最喜欢的，正好就是那个夜晚在海边生火。

　　所以，回到家，我跟黄阿叔还有黄毛毛这样说：

　　"亲爱的女儿，如果有一天爸爸离开人世，你们想念爸爸的时候，或是你们遇到人生不知如何是好的时刻，记得，可以到海边，生起漂流木的火堆，爸爸，就在了。你们感觉到红色、橘色的火焰温热着你们的眼睛、身体、心里，你们就知道，爸爸来了。就像你们 5 岁、7 岁的那一年，爸爸在海边和你们一起捡小小的漂流木条，一起生火，一起的时候。"

配方

|10|

收到疼爱

在春天来以前

锦敦

2014 年冬，有一天在澄清湖走路，身体感受着冬天才有的冻寒，心里想着：

"今年过得操劳，明年真的要让快乐多一些。

"嗯，快乐是能量的源头，是很重要的，我想下个月的工作坊就来做这个主题好了。

"那工作坊的名称要叫作什么好呢？"

这时，一句话像滴水入池般"咚"一声地落了下来："从今年的美丽到明年的快乐。"

我深深地换一口气，用咧嘴微笑来响应心里的发现。

"原来如此！若明年跟着春风来的是快乐，那在走进下一个春天前，得先来看看今年的美丽。"

我把这句话放在心上，两周后我上了柴山，面朝着大海坐了下来，打开计算机嗒嗒嗒地敲下几个字：

"今年，哪里的风景美丽？"

这句话往心里头一转，从脸颊到两臂就起了一阵鸡皮疙瘩，几个画面"啪！啪！啪！"地跑了上来。

带一本书回家

那天，是有计划的。我带着刚出版的新书回父母家。因这事有些难度，我决定先从简单的地方开始。

我等待母亲在客厅坐下，知道是可以安静说话的时候，就从袋子里拿出书，说：

"妈，这是我出版的第二本书。"

母亲接过手，翻看了一下，带着笑脸和一些隐微地尴尬说：

"这样喔！那这本书我可以拿去给你的小阿姨看。"

我知道，母亲不识字，看到一本都是字组成的书，就不知道怎么办了。但这次我不着急，稳稳地从她手里拿起书，说：

"这本是要送给你们的。"

"我又不识字。"母亲带点尴尬地把话直说出来。

我翻开第一页，把书放到她眼前，说："这里有写一段字。"我用动作来告诉母亲——我们不要把这个故事就停在这里。

接着我带着属于我的尴尬，把这段字缓缓地用闽南语读出来：

"感谢你们让我读书，我现在才能写书。"

母亲听了，说：

"这样喔，那这本书我就要留下来了！"

我继续翻开书页，说：

"妈，这里面很多彩色照片，可以看的。"

我开始逐页翻着照片，说着我这几年去过的地方……母亲戴起老花眼镜，看着书里一张张的照片，听我说着一个一个的故事。对我来说，这过程完全是新的，我几乎用读绘本给女儿听的方式，让七十几岁的母亲重新认识儿子的某个部分。那一刻，我嘴里说的故事是遥远的，但心里停留的地方却是靠近的。

过了十几分钟后，睡着的父亲醒来了，我知道，更难的挑战要来了。

"妈，我拿去给爸看。"母亲点头，跟着我走到父亲的床边。我坐在父亲的床上，母亲和太太则坐在 2 米外的椅子看着我们，等待一个故事的即将发生。

我放大音量，对着父亲说：

"爸，这是我出的第二本书。"

见父亲的眼神跟上了，我就翻开内页，很大声地念：

"感谢你让我读书，我现在才能写书。"

父亲听了，就笑着说："那是你自己的福报"，瞬间，我红了眼眶。

父亲说，他要拿着透析的时候看，然后，就把书放在他的枕边。

我说："你可以看照片，有很多照片是大张的。"

父亲说："我看得懂就看，看不懂就跳过去，可以看的。"

"谢谢你们让我读书。"这是我第一次对父母如此说。

父母反对我旅行、不懂我大半辈子的旅行，我一直以为，我把旅行这件事写成一本书，对我最大的意义之一，就是可以回家跟父母宣告：

"旅行，不是不对的事；旅行，是可以正经到好好写在书里的。"

我以为我是要回家为我过去不被了解的旅行"翻案"，但没想到当我翻开书页要写下给父母的话语时，笔一落，才知道最想说的，不是辩护、不是宣告，而是感谢。写下这句话的那一刻，就洒泪了。

那天，这个画面是很美丽的。我带着爱回家，我也收了爱回家。

父亲的书评

一周后回父母家，看见书就摆在大厅的矮柜上，和几本佛经放在一起，书页间还夹着一张凸出的纸条，看起来真有人读！这时，母亲正巧从房间里走出来，眼神望向书对着我说："这几天，你老北很认真地读你的册。"（这几天，你父亲很认真地读你的书。）

"喔！喔！喔！"我嘴巴差点合不起来。

又过了一周，回家依旧看见书和佛经立在柜上，看起来越来越像了。凸出来的书签位置说着这本书已经快被读完了。我走进房间，探望卧床的父亲。

"你的册我有读呀。"（你的书我读了。）父亲见了我，第一句话就把焦点放在书上。

我打从心底开心地笑着，说："你看了多少？"

"八成。"父亲伸出手比着数字，肯定地说着。

父亲只读到小学二年级，阅读的能力原本就有限，再加上我的旅行和心理治疗对他来说都是完全陌生的，我真的很好奇，他会如何从这本书理解我的专业和生命？

"喔——你看这么多了，"好读吗？"我问着父亲。

"这本书，你写得很浅白。"父亲说出对这本书的第一句评语。

我和一旁的太太听了哈哈大笑，父亲真的有读过，而且好像难不倒他。我又感动、又高兴，眼泪，都快喷出来了。忍住，万一这时的眼泪让父亲不习惯，打乱了父亲给书评的"流"就可惜了。

父亲看我们这么有反应，眼神也亮了起来，接着，缓缓地，说出第二句书评：

"不过，好像写来写去都是那些。"

这下子，我和太太真笑得人仰马翻了。父亲的书评，怎么每一句都让我想流泪？我想着，父亲读这本书，一定会一直看到"叙事治疗""旅行""生命"这几个字，他一定想说："这不是都一样？"

父亲的讲评还没有结束，接着他露出狡猾眼神看着我，说出了晴天霹雳的第三句书评：

"片甲、片甲吼——"（骗吃骗喝、混口饭吃喔。）

不行了，不行了，我和太太撑不住了，我笑到几乎要倒在地上了。

身为作者，书被这样点评，我可没有任何被冒犯的感觉，反而好快乐。算一算，跟父亲这样说话、这样大笑，可能是好几年前的事了。这些年和父亲的互动，很多是担心和舍不得，真的好久没有这种快乐的画面了，所以我哪管父亲怎么评点我的书，那天，我真觉得被父亲这样评论很荣幸。

但，父亲给的书评不只有三句，他笑着继续说：

"不过，万事本来就是一点'真'。"

哇塞！父亲靠这一句话竟然完全反转局面，把我从"片甲、片甲"的地底拉到天上了。原来，父亲的书评还有起、承、转、合；原来，父亲的幽默和智慧并没有完全被病痛吞没。

从那天到现在也快一年了，但每次想到这个画面，眼泪都还是跑上了眼眶。还好，真的还好，那天我有硬着头皮把书带回家。

四十几岁了，还是被疼爱着

父亲，给书评后的两周，我回家探望父母。

依惯例，走到后头的房间，看着卧床的父亲和坐在一旁看电视的母亲，点头说："爸、妈，我回来了！"然后坐到父亲床边，用手摸着父亲的身体和父亲打招呼。

父亲缓缓坐起来，眼神柔和却凝重地对我说："我想到你要赚一点钱，就要跑那么远，你去的地方又都那么艰苦。"

一旁的母亲几乎无秒差地接腔，用着同样的眼神和语气说："看你要这么辛苦赚钱，想到我们每个月还跟你拿钱，就很舍不得。"

我看着放在父亲床头的书，再想着他们说的话，瞬间我就懂了。我猜想他们两个一定在家看着我的书，自顾自地讨论起来，你一言我一语地认为我的远行是为了工作。我笑着，靠到父亲的耳边，同时眼神望着母亲大声说："不是啦！我去旅行不是去赚钱啦！那是我自己想去看看的啦！我很喜欢，不会艰苦啦！"

哎哟，父母到了这样的年纪，还是用这种心情疼爱着自己的孩子。

这三个画面串成我今年最美丽的风景。经历这些风景，让我对父母的可能离开，少了很多害怕；让我对他们生命本然的节奏，多了很多祝福。

从没有想过心里空着的这一块："父母不懂我的旅行和我的内心世界"，在此生会有机会填补进来。即使是到了 45 岁才发生，都觉得是珍贵无比的礼物。

谢谢上天，在这一年的恩赐！

疼爱，哎，少漏接一点

哈克

不同的时空里，读了好几回锦敦的这篇很有重量的文章《在春天来以前》，在飞驰的高铁车厢里、在春水堂的大树下、在宽阔的海边，每一次读，都泪流满面。

对不少人来说，家，总是沉重的，太多的恩怨情愁积攒在岁月的坑坑洞洞里。我常常觉得，因为沉重与情愁交织，即使爱来了，一不小心很容易就漏接了。可是，锦敦，和他的夫人，他的老爸爸老妈妈，却在上面的故事里接着了原本像是幻影一般瞬间流逝的情感。

锦敦描述回家分享旅行书的画面里，有两幕，是我无法控制眼泪流的。

第一幕是：

接着我、带着属于我的尴尬，把这段字缓缓地用闽南语读出来："感谢你们让我读书，我现在才能写书。"

母亲听了，说："这样喔，那这本书我就要留下来了！"

第二幕是：

"爸，这是我出版的第二本书。"见父亲的眼神跟上了，我就翻开内页，很大声的念："感谢你们让我读书，我现在才能写书。"

父亲听了，就笑着说："那是你自己的福报。"瞬间，我红了眼眶。

常年透析又卧床的父亲，可以这样笑着说，那是你自己的福报，是何等的对孩子的疼爱啊。缓缓坐起来的父亲，柔和说着，我想到你要赚一点钱，就要跑那么远，你去的地方又都那么艰苦，那是多么打从心底涌出的心疼啊。

我们的故事里，一定不会总是那么美。因为，烦闷和紧张，比较常自然地存在于客厅、卧房、厨房，这些几乎专属于家的固定名称。也因为这样，当这些疼爱在厚厚重重的云层之间忽然出现的时刻，如果有那么一两次，没有漏接，那就真的可贵极了。

如果要走向下一刻的快乐，我也要学锦敦那样，想起这一生的美丽。

于是，我想起了我的父亲

我的爸爸，1937 年出生在客家人的村落。那一条清爽美丽的县道弯弯地经过家门口，爷爷开了一家生意挺忙的柑仔店，卖鸡蛋、香菇、冬瓜糖、鞭炮、龙眼干、指甲剪等。

爸爸排行老三，有一个能力很强的大哥，有一个任劳任怨帮忙家务照顾弟妹的大姐，还有一个做起庄稼事众人皆夸赞的大弟。我猜，个子有点瘦弱的爸爸，生在这几个能力外显的兄弟姐姐之间，很可能需要努力地找寻自己生命的出路。

依稀记得，爸爸写了一手好字，国画造诣也挺好，只是，内含才气与浪漫气息的他，最后选择了很实际的工作，在高中教书。不只一次，听到其实偶尔教教语文和地理的他，说着学生听他讲文学、讲人文地理时的喜欢和记得。我猜，一星期有时候要重复教十几次一样内容，对他来说，耗竭了。这样的爸爸，常常下了课回到家，都很累很累了。我从小到青少年时期，常常是看着爸爸躺在床上休息，在这样的气氛下，我们当孩子的，唯一能做的事情就是保持绝对的安静，不要吵到很累的爸爸。

不知道是不是因为爸爸常常很累，所以，话总是很少。当孩子的我们，似乎自动地把话少连接上了威严与严肃，因而会不由自主的有点怕爸爸。

还好，我记得下面两个疼爱的故事。

那一年，我从美国念完生涯咨询硕士回家的第二年，很努力也很幸运地应征上了外语学院的专任讲师职位。在那个年代，在家族里，当上大学老师是件不小的事，我猜，爸爸妈妈都有一份骄傲和开心。还记得那年的清明节，爸爸似乎还在爷爷的牌位前，说了孙子当了大学老师的事情。我猜，爸爸是想让很疼我的爷爷高兴，也开心地跟爷爷说他养的儿子挺不错。

只是，那时30岁的我，不懂人情世故，加上教书又同时读着博士班，在教书的日子里，虽然和学生相处得很愉快，但是我自由惯了的个性、奔放的情感，和学校的高雅气质氛围发生了越来越多的冲撞。到了后来，叹了一口气想着，可能需要离开了。

只是，爸爸妈妈高兴骄傲到在爷爷牌位前说话的画面还刚刚发生不久，这……这……怎么办呢？原本已经要写辞呈的那一天，我决定回老家，至少要先跟爸爸妈妈说一下。

开着车，回到了大甲老家。父亲一如往昔，自己一个人在三楼他的大房间里的大藤椅上看书。跟小时候一样，我轻声地走着楼梯上了三楼，拿一张椅子，坐在爸爸旁边，然后，开始生硬地紧张地，说我的生涯关卡，说着我的不知道怎么办才好。

这个从小在我心里就威严的爸爸，听我很不流畅地说完之后，跟以前一样，很短的响应，但却让我记得牢牢。他说：

"如果离开这个工作，会让你身心更健康，那就辞职。"

那一刻，是我人生第一次知道，简短的话语，不一定连接到严肃，而可以这样，连接到懂与疼爱。

我忘了爸爸说完话之后有没有拍拍我的肩膀，安慰一下低落又挫折的儿子。但是，在我的心里，爸爸的话语，拍到了我的肩膀；短短的一句话，像熨斗似的抚平了我年轻慌乱的心。一晃眼，那已经是 15 年前的事情了，文字记录写到这里的时候，我依然红着眼眶，肩膀又感觉被拍了一次。

还好，没有漏接这一颗疼爱的直线球，所以在回忆的此时，可以又接住一次。

另一个故事，发生在更早之前，我 18 岁那一年。

高三，和当年所有的孩子一样，7 月要考大学。我因为压力太大而重感冒，考前整整两个星期都无法复习，慌乱极了的我还苦苦央求本来要去大学毕业旅行的大姐来陪我度过那难熬的两星期。7 月考完了，看着报纸对了答案，心里低落到了谷底。原本实力大约 400 分的我，对答案之后发现大概只能有 370 分。

只是，没想到，不知道是不是老天爷保佑，或者是可能那些我猜的多选题都猜对了，7 月中旬回校拿成绩单那一天，我竟然在我的那张纸上，看到了一个很神奇的数字：429。

这是什么？

怎么会这样！

怎么可能？

太好了吧！太感谢老天爷了！我迫不及待地打电话回家。

高考的前一年，爸爸从高中退休，开始他的浪漫事业，顶楼盖了大大的温室，爸爸种了上千棵的兰花，还自己授粉配种育苗，看着书问着人，很认真地开始想要培养出新品种的兰花。高考之后的半年，爸爸培养出一个很受欢迎的新品种兰花，好像还上了兰花杂志。爸爸跟我说，他把这个品种的兰花，命了一个名，叫作——429。

爸爸跟我说这个命名的那一天，又多说了几句话。他说：

"儿子，我跟你说，你这么认真读书，这么不容易，可以考到这么好的学校，爸爸很高兴。我要跟你说，爸爸对你的期望，你全部都达成了，你的人生，不用再为了我而达成什么了。"

这段话，在我心里回荡了好多好多年。从那一刻起，不知道为什么，我更真实地负责起自己的生命。我一直觉得，爸爸的这句话，是当父母的，可以给孩子最好的礼物。

原来，爸爸已经满意了

爸爸已经觉得儿子够好了，这让当儿子的我，在后来的生命里，更自由地奔驰，更奋力地活着。

当了两个女儿的爸爸之后，我常常想起爸爸跟我说的那第一句话："如果_____会让你身心更健康，那就去做。"我常常会这样自然地想着，也这样说给女儿听。

然后，我也想要在女儿十几二十岁的时候，找个好时机，送出当爸爸可以给的好礼物："黄阿赦，爸爸跟你说，爸爸对你的期望，你全部都已经做到了。"

图书在版编目（CIP）数据

人生的精彩与安静：两位心理治疗师的生命配方 /
黄锦敦，黄士钧著 . -- 北京：中国纺织出版社有限公司，
2023.6

ISBN 978-7-5229-0004-9

Ⅰ . ①人… Ⅱ . ①黄… ②黄… Ⅲ . ①心理学－通俗
读物 Ⅳ . ① B84-49

中国版本图书馆 CIP 数据核字（2022）第 206289 号

责任编辑：关雪菁　王 羽　　　责任校对：高 涵
责任印制：王艳丽

中国纺织出版社有限公司出版发行
地址：北京市朝阳区百子湾东里 A407 号楼　邮政编码：100124
销售电话：010—67004422　传真：010—87155801
http://www.c-textilep.com
中国纺织出版社天猫旗舰店
官方微博 http://weibo.com/2119887771
北京华联印刷有限公司印刷　各地新华书店经销
2023 年 6 月第 1 版第 1 次印刷
开本：889×1194　1/32　印张：5.5
字数：90 千字　定价：48.90 元

凡购本书，如有缺页、倒页、脱页，由本社图书营销中心调换